彩图 1　维多利亚

彩图 2　京亚

彩图 3　京蜜

彩图 4　早黑宝

彩图 5　里查马特

彩图 6　金手指

彩图 7　巨玫瑰

彩图 8　红芭拉蒂

彩图 9　桃太郎

彩图 10　阳光玫瑰

彩图 11　户太 8 号

彩图 12　美人指

彩图 13　红地球

彩图 14　天山

彩图 15　玫瑰香

彩图 16　夏黑

彩图 17　金星无核

彩图 18　无核早红

彩图 19　无核白鸡心

彩图 20　克瑞森无核

彩图 21　赤霞珠

彩图 22　梅鹿辄

彩图 23　西拉

彩图 24　蛇龙珠

彩图 25　黑比诺

彩图 26　北冰红

彩图 27　北红

彩图 28　霞多丽

彩图 29　霜霉病(叶片背面症状)

彩图 30　霜霉病(叶片正面症状)

彩图 31　白粉病(叶片症状)

彩图 32　白粉病(果实症状)

彩图 33　白腐病(果实症状)

彩图 34　白腐病(叶片症状)

彩图 35　灰霉病

彩图 36　黑痘病

彩图 37　褐斑病

彩图 38　炭疽病

彩图 39　黑腐病

彩图 40　穗轴褐枯病

彩图 41　日烧病

彩图 42　氮素失衡症

彩图 43　磷素失衡症

彩图 44　钾素失衡症

彩图 45　钙素失衡症

彩图 46　铁素失衡症

彩图 47　斑叶蝉为害叶片

彩图 48　瘿螨为害叶片

高效种植致富直通车

葡萄优质高效栽培

单守明　编

机　械　工　业　出　版　社

本书介绍了葡萄栽培的现状和意义、葡萄生物学特性、我国葡萄栽培品种、葡萄育苗技术、鲜食葡萄露天栽培技术、鲜食葡萄设施栽培技术、葡萄避雨栽培技术、酿酒葡萄栽培技术、葡萄病虫害防治及葡萄优质高效栽培实例等内容；涵盖了葡萄生产中从苗木繁育、葡萄园的建立、葡萄管理、病虫害防治到葡萄采收的各个环节；系统总结了我国葡萄生产中会用到的一些实用技术。另外，书中设有“提示”“注意”等小栏目，可以帮助种植户更好地掌握技术要点。

本书适合我国不同葡萄栽培区的葡萄种植者使用，也适合市、县、乡从事葡萄栽培专业的技术推广人员和农业院校相关专业的师生学习参考。

图书在版编目（CIP）数据

葡萄优质高效栽培/单守明编. —北京：机械工业出版社，2016.1（2017.8重印）
（高效种植致富直通车）
ISBN 978-7-111-52107-5

Ⅰ.①葡… Ⅱ.①单… Ⅲ.①葡萄栽培 Ⅳ.①S663.1

中国版本图书馆CIP数据核字（2015）第270265号

机械工业出版社（北京市百万庄大街22号 邮政编码100037）
总 策 划：李俊玲 张敬柱　　策划编辑：高 伟 郎 峰
责任编辑：高 伟 郎 峰 周晓伟　　责任校对：张 力
责任印制：李 飞
北京云浩印刷有限责任公司印刷
2017年8月第1版第3次印刷
140mm×203mm · 7.125印张 · 4插页 · 189千字
标准书号：ISBN 978-7-111-52107-5
定价：25.00元

凡购本书，如有缺页、倒页、脱页，由本社发行部调换

电话服务
服务咨询热线：010-88361066
读者购书热线：010-68326294
010-88379203

网络服务
机 工 官 网：www.cmpbook.com
机 工 官 博：weibo.com/cmp1952
金 书 网：www.golden-book.com
教育服务网：www.cmpedu.com

高效种植致富直通车

编审委员会

序

园艺产业包括蔬菜、果树、花卉和茶等，经多年发展，园艺产业已经成为我国很多地区的农业支柱产业，形成了具有地方特色的果蔬优势产区，园艺种植的发展为农民增收致富和“三农”问题的解决做出了重要贡献。园艺产业基本属于高投入、高产出、技术含量相对较高的产业，农民在实际生产中经常在新品种引进和选择、设施建设、栽培和管理、病虫害防治及产品市场发展趋势预测等诸多方面存在困惑。要实现园艺生产的高产高效，并尽可能地减少农药、化肥施用量以保障产品食用安全和生产环境的健康离不开科技的支撑。

根据目前农村果蔬产业的生产现状和实际需求，机械工业出版社坚持高起点、高质量、高标准的原则，组织全国20多家农业科研院所中理论和实践经验丰富的教师、科研人员及一线技术人员编写了“高效种植致富直通车”丛书。该丛书以蔬菜、果树的高效种植为基本点，全面介绍了主要果蔬的高效栽培技术、棚室果蔬高效栽培技术和病虫害诊断与防治技术、果树整形修剪技术、农村经济作物栽培技术等，基本涵盖了主要的果蔬作物类型，内容全面，突出实用性，可操作性、指导性强。

整套图书力避大段晦涩文字的说教，编写形式新颖，采取图、表、文结合的方式，穿插重点、难点、窍门或提示等小栏目。此外，为提高技术的可借鉴性，书中配有果蔬优势产区种植能手的实例介绍，以便于种植者之间的交流和学习。

丛书针对性强，适合农村种植业者、农业技术人员和院校相关专业师生阅读参考。希望本套丛书能为农村果蔬产业科技进步和产业发展做出贡献，同时也恳请读者对书中的不当和错误之处提出宝贵意见，以便补正。

中国农业大学农学与生物技术学院

前　言

葡萄浆果营养丰富，富含多种矿物质、维生素和氨基酸等营养物质，十分有利于人体的健康。除鲜食外，葡萄浆果还可以加工成果汁、罐头、葡萄干、葡萄酒等，是重要的食品工业原料。葡萄适应性强，抗干旱、耐盐碱，在荒山、荒漠或河滩均可栽培，且不论是露天栽培，还是设施栽培，其经济效益均十分可观。

近几年来，葡萄除了在北方大面积种植外，南方的葡萄种植也在快速发展，既调整了南方、北方果树种植结构，也促进了农村经济的发展。在葡萄种植快速发展的过程中，针对市场消费需求的多样性、葡萄种植模式的多样性，种植者也更需要不同种植模式下的优质、高效栽培技术来指导生产，提高经济效益，因此我们编写了本书，来介绍多种种植模式下优质高效的葡萄栽培新技术，以指导葡萄种植者依据当地自然气候条件和市场需求，有目的地进行葡萄多种生产，达到提质增效的目的。

本书出版受国家科技支撑项目（2013BAD09B02）资助，书中内容全面，技术实用可靠，操作性强，适用于我国不同气候条件下的葡萄种植；同时，也有利于葡萄种植者学习不同类型的葡萄种植技术，达到丰富知识、相互借鉴、提高技术水平、开阔视野的目的。

需要特别说明的是，由于我国各地环境条件的差异，本书中所介绍的技术、所用药物及其使用剂量仅供读者参考，不可完全照搬。在生产实际中，所用药物学名、通用名和实际商品名称存在差异，病虫害发生程度不同，使用药物剂量也有所不同，建议读者在使用每一种药物之前，参阅厂家提供的产品说明以确认药物用量、用药方法、用药时间及禁忌等。

在编写过程中，我们得到了许多葡萄栽培与葡萄病虫害综合防治方面专家的大力支持和帮助，并参引了他们的成果与经验，在此一并敬致谢忱。

由于编者水平有限，书中难免有不足之处，恳请广大读者批评指正。

编　者

目 录

第五章 鲜食葡萄露天栽培技术

第六章 鲜食葡萄设施栽培技术

第七章 葡萄避雨栽培技术

第八章　酿酒葡萄栽培技术

第九章　葡萄病虫害防治

第十章 葡萄优质高效栽培实例

附录 常见计量单位名称与符号对照表

参考文献

第一章
葡萄栽培的现状和意义

葡萄营养价值高、适应性强，适合于多种形式的栽培，在全世界得到广泛栽培，是世界四大水果之一，产量居世界果品的第二位。

一 葡萄栽培的面积与产量

1. 葡萄栽培面积

根据国际葡萄与葡萄酒组织（OIV）发布的《2013 年世界葡萄酒行业统计报告》数据表明，到 2012 年底，全球葡萄种植面积为 752.8 万公顷，中国的葡萄种植面积为 57 万公顷（约等于 855 万亩，1 亩 = $667m^2$）。在世界范围内，中国葡萄种植面积排名第四位，仅次于西班牙（101.8 万公顷）、法国（80 万公顷）、意大利（76.9 万公顷）。

2. 我国葡萄产量

据《中国统计年鉴 2014》的数据表明，到 2013 年底，我国葡萄产量为 1155 万吨，其中新疆葡萄产量最高，为 223.9 万吨，其他省市葡萄产量为河北 137 万吨、山东 112.5 万吨、辽宁 81.6 万吨、浙江 65.9 万吨、云南 65.9 万吨、陕西 60.7 万吨、河南 55.7 万吨、江苏 51.4 万吨、广西 36.7 万吨、安徽 35.8 万吨、四川 28.8 万吨、甘肃 25.9 万吨、湖北 23.7 万吨、山西 20.7 万吨、宁夏 17.2 万吨、吉林 14.8 万吨、福建 14.4 万吨、贵州 14.1 万吨、湖南 13.9 万吨、内蒙古 11.2 万吨、上海 10.1 万吨、天津 9.3 万吨、黑龙江 8.1 万吨、重庆 7.2 万吨、江西 4.8 万吨、北京 3.7 万吨。

3. 我国葡萄栽培区的分布

根据我国葡萄栽培现状、适栽葡萄种群、品种的生态表现，以及温度、降水等气候指标，可将全国划分为 7 个主要的葡萄栽培区。

（1）东北中北部葡萄栽培区 包括吉林、黑龙江两省，属于寒冷半湿润气候区，要采用抗寒砧木和冬季埋土防寒技术，主要栽植早、中熟的鲜食葡萄 。

（2）西北葡萄栽培区 包括新疆、甘肃、青海、宁夏、内蒙古 5 省（区），属于干旱和半干旱气候区，需要冬季埋土防寒，主要栽植露天鲜食葡萄、设施鲜食葡萄和酿酒葡萄，也是我国优质酿酒葡萄主产区之一。

（3）黄土高原葡萄栽培区 包括山西、陕西两省，大部分地区气候温暖湿润，少数地区属于半干旱地区，以鲜食葡萄为主。

（4）环渤海湾葡萄栽培区 包括辽宁、河北、山东、北京和天津市的部分地区，主要栽植露天鲜食葡萄、设施鲜食葡萄和酿酒葡萄，是我国优质酿酒葡萄主产区之一。

（5）黄河故道葡萄栽培区 包括河南、山东、江苏和安徽的部分地区，属于暖温半湿润气候区，主要栽植鲜食葡萄。

（6）南方葡萄栽培区 包括安徽、江苏、浙江、上海、重庆、湖北、湖南、江西、福建、广西、云南、贵州、四川等省（市）的大部分地区，属于亚热带、热带湿润气候区，主要栽植鲜食葡萄。

（7）云、贵、川高原葡萄栽培区 包括云南、贵州、四川等西部高原河谷地区，主要栽植鲜食葡萄、酿酒葡萄。

二 葡萄栽培的意义

1. 营养价值高，有利于身体健康

葡萄浆果营养丰富，含糖 10%～30%（主要是葡萄糖和果糖）、酸 0.3%～1.5%（主要是酒石酸和苹果酸）、矿物质 0.3%～0.5%（钾、钙、硫、铁等元素）、蛋白质 0.15%～0.9%，含 0.01%～0.1% 的果胶和多种氨基酸、维生素、花色苷、单宁、多酚等保健性物质。

除了鲜食以外，葡萄还广泛用于制干、制汁、制酱、制果脯、制罐头和酿酒等。葡萄酒含有对人体健康有益的多种有效成分，如多酚（包括单宁）、花色苷、白藜芦醇、类黄酮等，《本草纲目》中曾记载，葡萄酒具有“暖腰肾、驻颜色、耐寒”的功效，饮用葡萄酒可降低患心脏病的危险，有利于神经系统及心血管的正常活动，经常食用葡萄或饮用葡萄酒，有益于身体健康。

2. 适应性强，经济效益好

葡萄适应性强，抗干旱、耐瘠薄、耐盐碱，无论荒山、荒漠或河滩均可栽培，在我国南方和北方地区均能种植。葡萄第一年定植，第二年结果，第三、四年即可丰产，鲜食葡萄平均亩产约1500kg，高产园可达到3000kg/亩，市场售价约10元/kg，经济效益好。特别是春提前和秋延后栽培生产的葡萄，在五一之前和元旦之后上市，市场价格均在50元/kg以上，经济效益十分可观。

随着我国经济的发展和人民生活水平的提高，人们对葡萄酒的消费量也越来越多，优质葡萄酒价格在300元/750mL以上，经济附加值特别高，因此酿酒葡萄的栽培随之兴起，在西北干旱地区和云贵高原干旱河谷，酿酒葡萄产业正在迅猛发展。

3. 有利于农业产业结构的调整

葡萄经济价值高，市场需求量大，经济效益好，特别是酿酒葡萄产业链长，经济附加值高，发展葡萄产业有助于农村产业结构和区域经济结构的调整。在北方乃至西北地区，温室葡萄大面积发展；在南方多雨地区，采用避雨措施成功进行了葡萄的优质丰产栽培；在西北干旱地区，生产出了优质的葡萄和葡萄酒；这都极大地促进了当地农业经济的发展，成功进行了农业产业结构和区域产业结构的调整。

4. 扩大了就业机会

鲜食葡萄的生产，特别是设施鲜食葡萄的生产，不能采用机械化，需要大量的、各种各样的技术和管理人员。葡萄产业的发展，栽培面积的扩大，为社会创造了大量的就业机会，也提高了劳动者的收益。由于西北地区酿酒葡萄产业的发展，使西北地区劳动力资源短缺，直接导致用工工资的大幅上涨；同时也促进了流通行业的快速发展。

5. 减少水土流失，有利于生态环境的保护

在葡萄行间生草，不但可以提高其产量与品质，而且能有效减少水土流失，调节小气候。葡萄一般采用篱架式树形，可有效地降低风速，减少大风的危害。

6. 促进休闲观光、旅游业的发展

葡萄浆果有黄、绿、红、紫等颜色，外观十分漂亮。浆果单果重从1.2～35g不等，成熟期自2月至第二年1月，架型各种各样，因此葡萄园还有休闲、观光、旅游的功能。特别是葡萄酒庄，有葡萄园，也有酒庄，既可以观赏葡萄与葡萄园美景，还可以欣赏各种风格的酒庄建筑和葡萄酒文化，品尝各种特色的葡萄酒，这也促进了葡萄酒文化和酒庄旅游的发展，拉长了葡萄产业的产业链，提高了葡萄产业的附加值，以及经济、生态和社会效益。

7. 促进了相关产业与学科的发展

葡萄产业的发展，促进了葡萄与葡萄酒学科、工程材料学科、食品酿造学科、建筑学科、旅游管理学科等学科的理论研究和相关技术的研发，促生了大批的科研和技术人才，促进了相关学科的发展和人才的培养。

第二章
葡萄生物学特性

一 根系

根是葡萄的地下部分，它将葡萄植株固定在土壤中，同时从土壤中吸收水分和营养物质，以保证葡萄植株的正常生长发育及产量与品质的形成。

1. 根系的分类

（1）主根 由种子的胚根发育而成，有 1 条主根，但是无性繁殖的葡萄没有主根（图 2-1）。

（2）侧根 在主根上面产生的各级粗大的分支称为侧根。先在主根上分生一级侧根，一级侧根再分生二级侧根，由此类推，可形成 4 ~ 5 级侧根。

（3）须根 在侧根上形成的较细的根系称为须根。它是根系中最活跃的部分，须根又分为生长根、吸收根、根毛和输导根。

1）生长根为初生结构，白色，较粗而长，具有较大的分支区，有吸收能力。生长根的功能是促进根系向新土层生长，扩大根系的分布范围，形成侧分支——吸收根。这类根生长快，生长期较长（可连续生长 11 周）。生长根经过一定时间生长后颜色转深，变为过渡根，再进一步发育成具有次生结构的输导根，并随年龄的加大而逐年加粗变成骨干根或半骨干根。

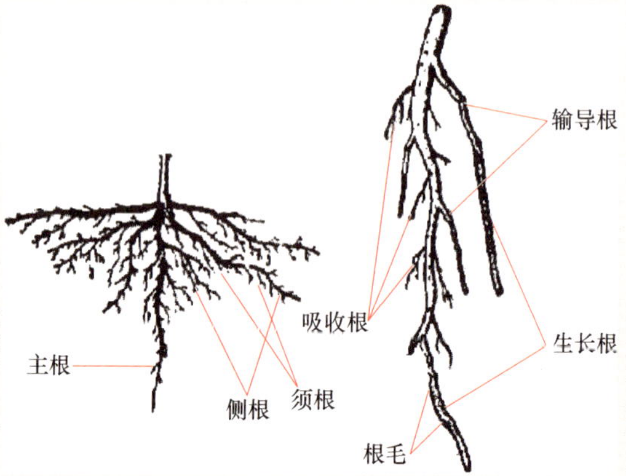

图 2-1　葡萄根系的结构

2）吸收根为初生结构，白色，较细（长度通常为 0.1～4mm，粗度为0.3～1mm），其主要功能是从土壤中吸收水分、矿物质和其他营养成分，并向土壤中分泌一些有机成分。吸收根具有高度的生理活性，在根系生长的最好时期，吸收根的数目可占植株根系的90%以上，其数量多少与植株营养状况关系极为密切。吸收根寿命短（15～25 天），它们逐渐转为浅灰色成为过渡根，而后经一定时间通过自疏而死亡。

3）根毛为根系初生结构的一部分，是葡萄根系吸收养分、水分的主要部位。根毛寿命很短（几天或几周），随吸收根的死亡或生长根的木栓化而死亡。

4）输导根主要功能是输导水分和营养物质，并起到固定的作用，同时还具有一定的吸收功能。

2. 根系的生长

（1）根系的生长发育

1）生长阶段。从植株定植开始，葡萄根系在土壤中不断横向和纵深扩展，土壤质地、肥力及植株长势等因素会影响根系的生长。

2）成熟阶段。根系在土壤中的扩展停止后，根系的骨架上每年会长出新根，其生长量决定于土壤的理化特性和含水量。新根先在较浅土层中生长，然后才向深土层发展。它们的生长在夏季停止，其中一部分由于土壤干旱或土壤含水量过多而死亡。

3）衰老阶段。随着葡萄树龄的增长，根系进入衰老阶段，根系生长新根的能力下降。对于衰老的根系，可将老根截断，剪平伤口，再多施有机肥，可有效刺激老根剪口附近再生大量新根，使衰老植株得以更新复壮。

（2）根系年生长规律 葡萄根系在一年中一般有春季和秋季两个生长高峰。春天，地温达6～6.5℃时根系开始活动，其标志是地上枝蔓新伤口出现伤流。地温达12～14℃时根系开始生长，20℃左右根系生长旺盛，进入第一次生长高峰。根系生长的最适温度是15～25℃。秋季落叶前出现第二次生长高峰。根系的生长活动，除受地温和其他土壤条件影响外，也与品种、树龄、树势、肥水条件和植株营养状况有关。

3. 根系的分布

一般情况下，根系集中分布在20～60cm深的土层内；在土层深厚、结构良好的土壤中，根系分布最可达12m左右。

4. 影响根系生长和分布的因素

（1）品种 葡萄的种群品种不同，其根系着生的位置、方向及发根量不同。

（2）土壤紧实度 土壤紧实度影响葡萄根系的深度，在土层深厚、无阻碍的土壤中，葡萄的根系可扎3～4m深。

（3）栽培技术措施

1）定植前的土壤改良。葡萄定植前对土壤深翻、施有机肥等，都有利于根系的生长，并且影响其在土壤中的分布。

2）种植密度。葡萄植株根系间存在竞争。密度大的葡萄植株根系会更早地进入竞争状态，其根系也更为发达，同时有向深层土壤发展的趋势，更有利于调节在成熟期中的水分营养，有利于提高产品质量。

3）土壤管理。中耕会促进根系利用深层土壤；地表覆盖或者化学除草会使根系上移。

4）水肥管理。适当控制水、肥会诱导根系往深层土壤生长。

二 芽

1. 冬芽

葡萄新梢叶腋内有两种不同类型的芽，即冬芽和夏芽。冬芽位于叶腋中央，肥大钝圆，外被鳞片，是由几个芽组成的复合体，包括1个主芽，2～6个副芽（预备芽），所以也称为芽眼。一般情况下，冬芽须经历冬季休眠后在第二年春天才能萌发生长，但是夏末管理不当造成葡萄落叶也会刺激冬芽萌发（图2-2）。

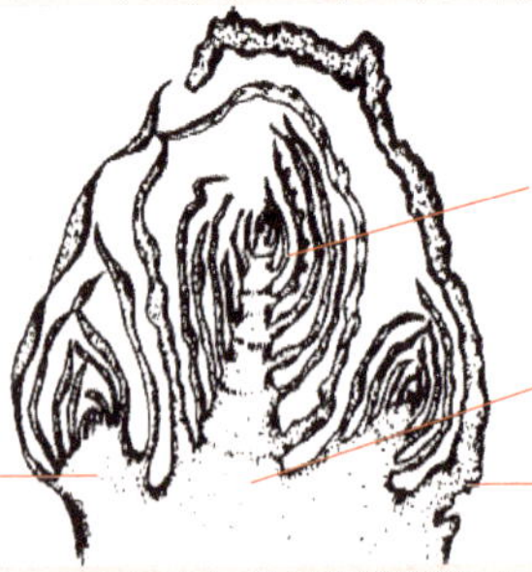

图2-2 葡萄冬芽结构

（1）主芽 主芽是冬芽中心最大的一个，发育最好，当年可分化出7～8节主芽茎，从第3～5节开始，除着生叶原基外，在芽的对面还分化出卷须或花序原始体。主芽茎上着生幼叶原基、卷须原基、花序原基，在刺激条件下（如摘心、受伤），可在当年萌发，并在其上开花结果。所以，把带有花序原基的冬芽称为花芽或混合芽，否则均称为叶芽。叶芽和花芽在形态上不易区分，必须借助放大镜或者显微镜才能加以区别。

（2）副芽 主芽周围有3～8个大小不等的副芽（预备芽）。春天，通常只有主芽萌发生长。在主芽受到损伤后副芽代替主芽萌发。但有些品种的副芽也能自然萌发，所以一个芽眼中可长出2～3个新梢，在生产上多留带花序的或发育最好的新梢，其余通过夏剪抹除。

2. 夏芽

在新梢每个节的叶腋处有一个夏芽，葡萄的夏芽是裸芽，位于叶腋上方，与冬芽并生，属于早熟性芽，当年形成并当年萌发。一般展叶后20多天夏芽即成熟，自然萌发为夏芽副梢。通常副梢上的叶腋内又能形成夏芽，可萌发长成二次或三次副梢，所以在一年内，主梢上可多次抽生夏芽副梢，多次形成花芽并开花结果，出现二次果、三次果等。生产上对玫瑰香、乍娜、巨峰、京蜜等易形成多次果的品种，在加强夏季管理的条件下，常利用夏芽副梢结二次果，以增产增值。

3. 潜伏芽

葡萄枝蔓上不萌发的芽眼，或芽眼内不萌发的副芽呈潜伏状态，故称潜伏芽。在葡萄枝蔓各级分支处有大量的潜伏芽潜伏，当条件适宜时，潜伏芽可恢复发育，长成新梢。因此，衰老的树、结果部位大量外移的树，可利用植株基部或老蔓上的潜伏芽进行植株或枝蔓的更新。

三 枝蔓

1. 枝蔓的分类

葡萄的枝也叫蔓。植株从地面长出的枝叫主干，主干上的分支叫主蔓。如果植株没有主干，从地面长出多个枝，这些枝都称为主蔓。从生长年限上也分为一年生、二年生和多年生枝蔓（图2-3）。

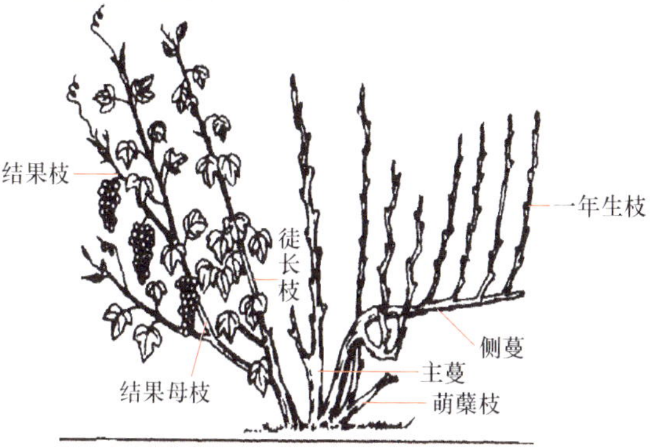

图2-3 葡萄枝蔓分类

（1）主梢 主梢是当年由冬芽萌发而长出来的带叶的枝条（或

新梢）（图2-4）。

主梢细长，节间膨大，节上着生叶片，叶腋内着生芽，相对的另一侧着生卷须或花序。有花序的新梢叫结果枝，而无花序仅有卷须的新梢称为发育枝。

（2）副梢　副梢是由夏芽萌发而成，比主梢细，节间短。

副梢摘心可得到二次或三次副梢。大多数葡萄品种的副梢不能形成花序，也有些葡萄品种（玫瑰香、巨峰、京蜜等）的副梢很容易形成花序。副梢上面也着生冬芽，充分利用副梢上的冬芽有利于幼树的快速整形。

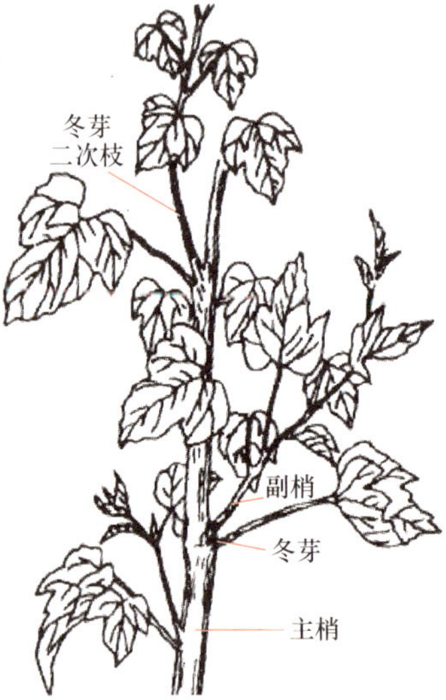

图2-4　葡萄新梢

（3）一年生枝　新梢成熟落叶后称为一年生枝。成熟的一年生枝呈褐色，有棱带条纹，横截面为扁圆或圆形，弯曲时表皮呈条状剥落。

（4）结果母枝　有花芽，能生长结果枝的一年生枝称为结果母枝。冬剪时适当留取结果母枝的数量。

（5）徒长枝　由潜伏芽萌发而形成的一年生枝称为徒长枝，多数没有花芽，不能生长结果，可用于主蔓的更新。

（6）萌蘖枝　自葡萄植株基部及根际处生长的一年生枝称为萌蘖枝。这些枝条能更新衰老的枝蔓和树冠。

2. 枝蔓的生长

（1）温度　当春天日均温度稳定在10℃以上时，欧亚种群的葡萄开始萌芽。随着气温的升高，新梢生长速度逐渐加快，最快时每天可生长6～10cm。

（2）生长阶段 在气候条件适宜的情况下新梢一般不形成顶芽，一直持续生长至晚秋。在葡萄开花期前后，由于新梢的旺长需要消耗大量的营养，影响葡萄的坐果、花芽分化和浆果发育，所以生产上在葡萄开花前采取摘心等措施可以保证葡萄开花坐果和浆果发育。

四 叶片

葡萄的叶有较长的叶柄和较大的叶片。葡萄的叶有5条主脉，叶片一般呈5裂状，但也有3裂、7裂或全缘的，叶片边缘有锯齿。

叶片的大小、形状、裂片的深浅、锯齿形状和色泽等随品种而异，是区分和识别品种的重要标志。葡萄叶片两面有各种类型的茸毛和致密的角质层，一般抗旱品种茸毛多、角质层发达。新梢基部向上第6~12节叶片具有典型性，可作为品种观察记载的主要依据。秋天叶片的颜色也是区别品种的标志，如深色浆果的品种多具红色秋叶，浅色浆果的品种多具黄色秋叶。

五 花序和花

1. 花芽

葡萄的花芽是上一年形成的。花芽分化的始期是葡萄开花期前后，冬芽内分化具有7节以上的叶原基时开始，一般在5月中旬~6月上旬。6~7月是分化盛期，夏秋期间从冬芽内出现花序原基突状体后进一步分化出各级穗轴，至休眠前末级穗轴顶端的单花原基分化出花托原基即进入休眠。次年萌发后，每个花序原始体才依次分化出花萼、花冠、雄蕊和雌蕊，然后开花。

葡萄花芽分化比较灵活，只要环境条件适宜，在生长季内任何时期都可以分化。葡萄新梢适时摘心或除副梢，可使花芽分化提前或缩短分化过程，整个花序分化只需1~1.5个月。生长季长的地区，或葡萄设施栽培中，可利用这些特性使其一年两次开花结果，以提高产量和经济效益。

2. 卷须

卷须和花序是同源器官，由于分化程度不同，在生产上常可看到卷须与花序之间的各种过渡类型。欧洲种葡萄的卷须呈断续性排列，即两节有卷须，一节无卷须，然后依次类推。美洲种葡萄的卷须呈连续性，或数节之后仅有一节不着生卷须。欧美杂种葡萄的卷须不规则。

葡萄卷须有简单型和复合型两大类，卷须不分叉的为简单型；卷须分叉的为复合型，可有二、三、四分叉等。欧亚种葡萄的卷须多为二分叉或三分叉型。卷须的分叉方向是交互变换的，第一分支通常朝上，较短；第二分支朝下；第三分支又朝上。在每个分支基部的对面都着生有一片不发达的小叶，呈鳞片状，鳞片有时可发育成叶片。

3. 花序

葡萄的花序是复总状花序，呈圆锥形。花序由花序梗、花序轴、支梗和花朵组成，有的花序上还有副穗。

花序轴上有 2 ~ 5 级分支，基部分支级次高，前端分支级次低。在末支的分支端通常着生 3 个花蕾。花序上的花朵数因品种和树势不同而异，发育完全的花序，一般有花蕾 200 ~ 500 个，多的可达 2500 个以上。花序中部的花蕾质量好。对穗大粒大的葡萄，要注意疏果，每穗留 100 ~ 150 个花蕾即可，这样有利于提高坐果率和浆果品质。

4. 花

（1）花的类型 葡萄花的形态为 5 部合成型，即 5 片连生的绿色花瓣在顶端构成帽状花冠；花萼小，5 片连生呈波状。开花时花瓣自基部微裂外翘，呈帽状脱落。葡萄花按健全状况和授粉结实效果分为 3 种类型（图 2-5）。

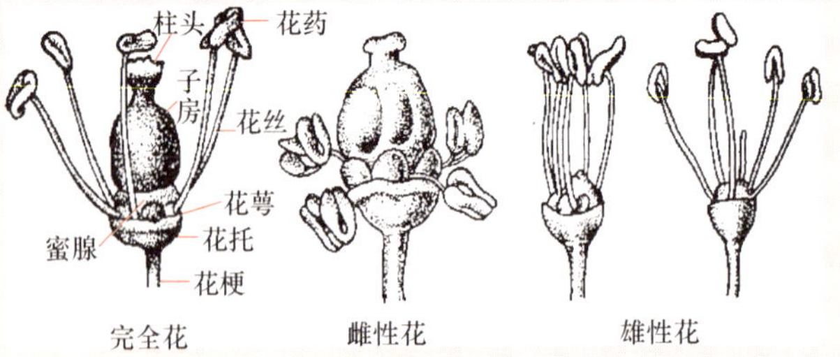

图 2-5 葡萄花的类型

1）完全花（两性花）。雌蕊和雄蕊发育健全，雄蕊直立，花粉可育。可正常发育成浆果。

2）雌性花。雌蕊健全，雄蕊向下弯曲，花粉败育。在授粉条件下可以正常结果。

3）雄性花。雌蕊退化，无花柱和柱头，仅花粉可育。不能形成浆果。

（2）影响花类型的因素

1）品种。欧洲种的葡萄栽培品种，几乎全部为完全花，可以自花授粉。有些葡萄品种可不经授粉子房自然肥大而单性结实；另一类型是虽经受精，但种子不发育或幼胚早期停止发育而形成无核浆果，无核葡萄便属于这种类型。

2）栽培条件。环境条件和栽培措施对花型有影响，树体营养条件优越的雌性花品种会产生可育花粉；相反，树体营养条件差的两性花品种可产生不育花粉或雄性花，这种情况称为“偶然不育性”。

（3）温度 从葡萄春天萌芽到开花需要6～9周，当日均温度达到20℃时开花，花期5～14天，因品种和气候条件不同而不同。随着气温的升高开花迅速，在26～32℃时，花粉发芽率最高，花粉管伸长也最快，数小时内就可到达胚珠；温度低时往往需要几天的时间。

六 浆果

1. 果穗

果穗由花序发育而来，葡萄的果穗是由穗梗、穗轴和果粒组成。葡萄的花序在开花后发育成果穗（图2-6），花序梗发育成穗梗，花序轴各级发育成穗轴，花的子房发育成浆果。

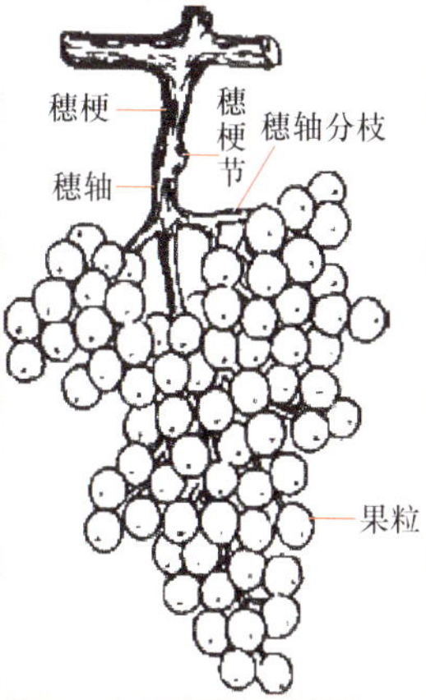

图2-6 葡萄果穗

1）葡萄果穗由于穗轴的发育情况不同会产生各种形状，可分为圆锥形、圆柱形和分枝形三大类。

2）按照果穗的长度可将果穗分为小型（小于10cm）、中型（10～15cm）、大型（15～30cm）

和特大型（大于 30cm）。

3）按照果穗的重量可将果穗分为小型（小于 150g）、中型（150～250g）、较大型（250～400g）、大型（400～600g）和巨大型（大于 600g）。

4）根据果穗的紧密度又可分为极紧穗、紧穗、松穗和散穗。

2. 浆果

(1) 浆果的结构（图 2-7）

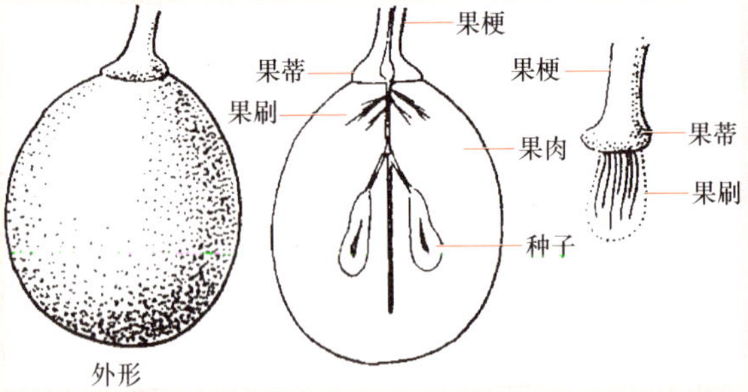

图 2-7　葡萄浆果结构

1）果梗：也叫果柄。

2）果蒂：果梗与果粒连接处的膨大部分。

3）果刷：中央维管束与果粒分离后的残留部分。

4）果皮：即外果皮，由子房外壁形成，外果皮上有蜡质果粉。

5）果肉：即中果皮，由薄壁细胞组成，内含高浓度的糖类。

6）果心：即内果皮，由子房隔膜形成，与种子相连。

7）种子：一般含有 1～4 粒种子。

8）周缘维管束网：分布在外果皮之下。

(2) 浆果的形状　浆果形状以圆形为标准，横径大于纵径者为扁圆形，纵径大于横径为椭圆形，其他形状还有卵形、鸡心形、倒卵形等（图 2-8）。

(3) 浆果的颜色　浆果的颜色可分为黑色（深紫色、蓝紫色）、红色、粉红色、黄色、绿色等。

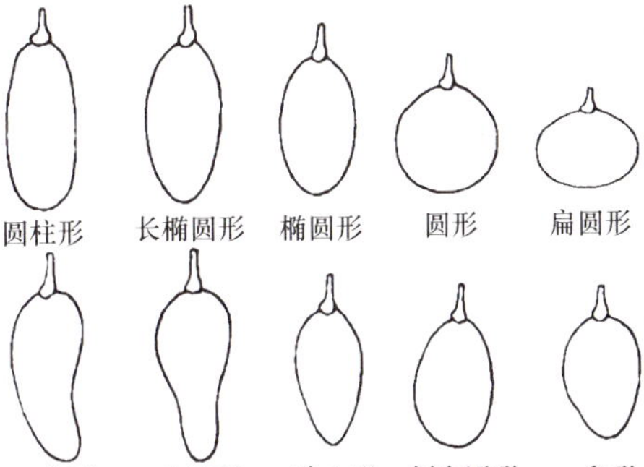

图 2-8　葡萄浆果形状

(4) 果形的分类　根据浆果的大小，可将浆果分为小型果（小于4g）、中型果（4~6g）、大型果（7~9g）、特大型果（大于9g）。

3. 浆果内含物成分

1）水分：70%~80%。

2）葡萄糖：8%~13%。

3）果糖　：7%~12%。

4）有机酸：0.3%~1.5%。

5）其他：酚类物质、矿物质、维生素和含氮化合物等。

葡萄外果皮中含有各种酚类物质。果皮的黄色和绿色是由叶黄素、类胡萝卜素等组成。红、紫、蓝、黑等颜色是由花色素的变化所形成。大部分的果肉透明无色，但少数欧洲葡萄品种和一些杂交品种的果汁含有色素。果皮的色素和其他酚类物质成分与酿成葡萄酒的色泽和风味有密切的关系。

七　葡萄植株的年周期变化

1. 营养生长周期

正常结果的葡萄植株，在一年中的生长发育变化可分为营养生长期和休眠期两个大的阶段。营养生长期是从春季根部开始活动和芽开始萌发直到秋季落叶时为止。休眠期是从落叶开始到次年春季芽萌动前为止。两者又根据季节性气候变化，相应地发生形态上和生理机能上一系列有规律的变化。

（1）树液流动期 是从春天树液开始流动到芽萌动为止。当春天日均空气温度上升到10℃左右，地温上升到6℃以上时，根系开始活动，吸收土壤水分，伤流开始出现，接着地上部芽开始萌动。

葡萄种群和品种及土壤的温度、湿度影响伤流出现的时期。在地温达7～9℃时欧亚种群的葡萄开始出现伤流；山葡萄及其杂交后代和美洲种群葡萄出现伤流的土壤温度低于7℃。土壤极度缺水和根系受到严重冻害时，伤流不会发生。应尽量避免伤流过多，如避免过重修剪或机械伤害等。

一般在发芽展叶后伤流即减少直至停止，有些品种的伤流可延迟到嫩枝长到8～10cm时才停止。这一时期要加强土壤管理，使土壤保持适宜的温度和湿度。

（2）萌芽和新梢生长期 是从萌芽到新梢停止生长。在此时期内，气温和地温逐渐升高，芽内的花序原基迅速分化，花序生长，叶片伸展。当气温达到20℃以上时，新梢生长加速，昼夜最快可生长6～10cm。到开花后，新梢可生长到全年总长的40%左右。在7～8月，新梢生长变缓。这一时期如果营养不足或干旱，就会严重影响当年产量、质量和下一年的生产。

（3）新梢成熟期 新梢的成熟始于新梢停止生长，直到全部落叶为止。枝蔓颜色由绿色变成黄棕色或者红色，明显出现皱纹、木质化，质地变得坚硬。在新梢成熟过程中，枝蔓中淀粉等营养物质积累。新梢的成熟度影响植株抗寒性、次年发芽率、枝蔓的扦插嫁接成活率及开花坐果率。

（4）落叶期 在秋季，随着日照时间变短、气温降低，叶片颜色发生变化，白色品种的叶片开始变黄、红色品种的叶片也变黄，个别伴随产生红色或褐色斑点，染色品种的叶片变黄，最后叶片脱落。

（5）休眠期 从落叶到次年春天伤流开始前为休眠期。休眠期可分为自然休眠期和被迫休眠期。

1）自然休眠期。一般认为落叶是自然休眠开始的标志，是植株生物钟引起的休眠。完成自然休眠期要求一定的低温（0～7.2℃）

和低温持续的时间，也称为“需冷量”，需冷时间的长短因品种而异。设施栽培的葡萄，通过调节设施内的温度，可提前打破休眠所需的时间，使葡萄提早萌发。

2）强迫休眠期。自然休眠期之后，植株即进入强迫休眠期。因为这一时期尽管植株已度过自然休眠期，具备了萌芽生长的内在准备，但外界温度不能满足它开始生长的温度，使植株仍处在休眠状态，如果这时温度、湿度适宜，则可开始正常生长。

2. 生殖生长周期

生殖器官的发育，是从前一年在冬芽中花序的形成开始，到开花以后，浆果开始生长，然后成熟为止。当新梢上出现冬芽时，就出现了花序原基；在冬芽冬眠以后，就出现了花的分化。因此，花芽分化包括花序的分化和花的分化。

（1）花芽分化 花序的分化是在前一年的生长周期中，在新梢上冬芽形成时自下而上逐渐进行的。在冬芽中，首先形成3～5个叶原基，然后是花序和与花序对生的叶原基。当冬芽开始进入休眠时，花芽分化停止，直到萌芽前几天又继续进行，这时出现花序的2～3个分支和花蕾。

春天萌芽后随着新梢的生长，其上的花序继续发育，花序的各级穗轴分支伸长加粗，其上形成的花原基也随之发育，花序轴的生长由慢到快，在花前达到高峰。花序轴的生长由基部向顶部逐渐进行，即花穗梗的生长先停止，然后，第一分支和第二分支间的穗轴开始加强生长，以此类推。这样，靠近花序基部的各级穗轴发育较好，而穗尖的生长较弱。

在花序的众多末级分支先端着生的花原基随花序发育，迅速依次分化形成花萼、花冠、雄蕊和雌蕊（带蜜腺）。当萌芽后花序在新梢上明显露出时，花器官的各部分已经形成。以后，随着花序的生长，花器官继续发育，主要是形成花粉（小孢子发生）和胚囊（大孢子发生）。

（2）开花期 从始花到谢花称为开花期，一般需经历5～14天。山葡萄及其杂种后代的始花期比美洲种及其杂种后代早5天左右，比欧亚种群早开花10天左右。开花期间，每天6：00～11：00、

17：00～21：00为开花旺盛期。

在盛花后9天左右为落果高峰。树势衰弱，营养器官过分徒长，或花期阴雨、低温，土壤含水量剧烈变化都会造成大量落果。为了减少落花落果，必须采取措施以改善树体营养条件。如改善架面通风透光条件、花前摘心和控制副梢以减少嫩梢幼叶对营养的消耗、增加肥水供应、及时定枝定穗，对授粉不良的品种，采取蜜蜂传粉或者人工辅助授粉，以上措施均可有效地达到增产和提高浆果品质的目的。

（3）浆果生育期 从谢花后到浆果成熟之前为浆果生育期。这一时期可持续2～3个月。一般分为3个时期。

1）第一期：即生长初期。果粒体积、重量增加快，而胚仍保持幼小。此期浆果呈绿色，肉硬，有机酸含量迅速增加。这一时期一般持续5～7周。

2）第二期：浆果体积增大的速度明显变慢，而胚的生长发育增快，种皮开始迅速硬化，胚达到最大体积。浆果内有机酸的含量也达到最高水平，糖分也开始积累，叶绿素开始消失，色泽发生变化。这一时期持续2～4周。无核品种该期表现不明显。这一时期主要的特征是种子的发育。

3）第三期：是浆果的最后膨大期，浆果体积增大，最后达到该品种应有的大小。此期随着浆果的生长，其组织变软，糖积累增加，酸含量减少，表现出品种固有的品质特征。这一时期持续5～8周，浆果达到成熟即可采收。

（4）浆果成熟期 从浆果成熟始期到完熟期止即为浆果成熟期。逐渐达到其品种特有的颜色和光泽。完熟期种子完全变成褐色。如果成熟期正值雨季或降雨过多，则应注意排水，同时继续做好病虫害防治工作。对太密集的架面还应适当疏枝、截枝或打叶，以提高浆果质量，并利于浆果的储藏运输。

（5）浆果过熟期 在浆果达到成熟以后，浆果中的相对含糖量由于水分的蒸发而增高（含糖总量不变，但果汁变浓），浆果进入过熟期。过熟作用可以提高果汁中糖的浓度、改变糖分的组成，这对于酿制高酒精度的葡萄酒是必需的。

（6）落花落果和大小粒现象 成熟浆果的数量永远比花的数量要低。一部分受精的花发育成浆果，也就是坐果，而另一些花或（和）幼果则脱落，即落花落果。坐果率是指果穗上的果粒数与花朵数的比例。

一般而言，花序小的品种坐果率（25%～50%）高于花序大的品种（5%～25%）；新梢基部果穗的坐果率小于中部果穗的坐果率。

盛花后数天，幼果直径3～4mm时，大量的子房和幼果脱落。当果粒直径达5mm以上时，不再脱落。在自然情况下，一个葡萄花序中只要坐住一部分果（20%～50%）即可保证果穗发育丰满，而不影响产量。但在花、果过度脱落的情况下，会使果穗松散，穗重和产量降低。在一些果穗中，果粒大小相差悬殊，极不整齐，也严重影响葡萄的产量和品质。引起葡萄落花落果和大小粒的原因有以下四种。

1）花器官发育缺陷。两性花也有部分不育的花粉，但通常不会影响正常授粉和受精；雌性花品种的花粉不能萌发，在缺乏异花授粉情况下常常表现出严重的大小粒现象；雄性花的雌蕊退化，不能形成浆果，在盛花后即脱落。

2）植株营养不良或养分分配不平衡。葡萄园管理不善、土壤贫瘠、肥水不足、树势衰弱、植株负载量过大等都会影响花器官发育。在开花坐果期间，养分不足影响受精作用并加剧胚的退化。在植株负载量增加的情况下，雌蕊发育较差，加剧落花落果和大小粒现象。过旺的营养生长影响花序的发育和幼果的生长。

3）不利的气候条件。春天晚霜、低温会造成冻害，影响花器官的发育，导致严重的落花落果。花期阴雨，妨碍授粉和花粉萌发，使花粉管的生长和受精过程延缓。花期干旱、大风使柱头很快变干，不利于花粉管的发育。通风透光不良的葡萄园内，坐果率低，且小果较多。

4）病虫害等因素的影响。一些真菌病害直接损害花序而引起其脱落。某些病毒病和缺素症也使葡萄出现严重落花落果和大小粒现象。土壤重度盐碱化，致使植株缺素严重，也会加重落花落果。

（7）影响浆果生长和膨大的因素

1）气候条件。包括温度、降水、光照及其他（如灾害性气候等）。使浆果生长良好需要足够的积温、较高的日温（20℃以上）和较低的夜温（15～20℃），但温度过高不利于浆果的生长。花期到转色期间水分供应影响果粒的最终大小，此期间适宜的水分供应有利于提高产量，干旱则会降低产量。

2）植株情况。

① 品种。果粒的形状和大小是品种特征。一般而言，酿酒品种的果粒小，鲜食品种的果粒大。

② 叶面积。果粒的大小和产量决定于叶幕的生产能力和果叶比。如果叶面积过小，不能满足大果穗的需求，则果粒和叶面积都小。所有影响叶面积（如种植密度、绑缚、截顶等）和果穗数量（如留芽量等）的栽培技术，都会影响果粒的生长、大小和成熟度，进而影响葡萄的产量和质量。

③ 种子数量。花在不受精的条件下也能发育为果粒，但为小果。同一品种中，果粒大小与种子数量呈正比，无核的品种浆果最小。

3）管理技术。葡萄园的栽植方式、架式、整形修剪、生长期植株管理、土肥水管理和病虫害防治、植物生长调节剂等技术措施均对葡萄浆果的生长和成熟有显著影响。

八 葡萄生长的环境条件

1. 温度

（1）萌芽期 春季，当地温上升到6℃以上时，大多数欧亚种群的葡萄品种树液开始流动，并进入伤流期。当日均温度达到10℃及以上时，欧亚种群的品种开始萌芽，美洲种群葡萄萌芽所需的温度略低些。葡萄的芽眼一旦萌动后，耐寒力即急剧下降，刚萌动的芽可忍受－4～－3℃的低温，嫩梢和幼叶在－1℃时即受冻害，而花序在0℃时受冻害。因此北方地区防晚霜危害也是栽培上的重要措施之一。

（2）新梢生长期 春季随着气温的逐渐提高，葡萄新梢迅速生长。当温度在28～32℃时，最适宜新梢的生长和花芽的形成，这时新梢昼夜生长量可达6～10cm。

（3）开花期 气温达20℃左右时，欧亚种群葡萄即进入开花期。开花期间天气正常时，花期持续5～8天，如果遇到低温、阴雨、大风等天气，气温低于15℃时不利于开花授粉，花期延长几天。

（4）浆果发育、成熟期 葡萄浆果成熟期间需要28～32℃的较高温度、适当干燥、阳光充足和昼夜温差大的综合环境条件，在这种条件下浆果成熟快，着色好，糖分积累多，品质可大为提高。相反，低温多湿和阴雨天多，成熟期延迟，品质变差。

（5）年有效积温 葡萄栽培中，常用有效积温作为引种和不同用途栽培的重要参考依据。如某地某品种是否有经济栽培价值，与该地日均温度等于或大于10℃以上的温度累积值有关。一般认为极早熟品种需要积温2200～2500℃；早熟品种2500～2800℃；中熟品种2900～3100℃；晚熟品种3100～3400℃；极晚熟品种在3400℃以上。鲜食、酿酒品种要求有效积温在3000℃左右，早熟的品种要求的有效积温低，熟期晚的品种要求的有效积温高；而制干品种要求的有效积温比鲜食和酿酒品种都要高。

（6）休眠期 在冬季休眠期间，欧亚种群品种的充实芽眼可忍受短时间－20～－18℃的低温，充分充实的一年生枝可忍受短时间的－22℃的低温，多年生蔓在－20℃左右即受冻害。山葡萄枝蔓可忍受－50～－40℃的低温。

葡萄的根系不耐低温，欧亚种群品种的根系在－4℃时即受冻害，在－6℃时经两天左右即可冻死。欧美杂交种的根系在－7～－6℃时受冻害，在－10～－9℃时可冻死。山葡萄根系可耐－16℃以下的低温，其临界温度为－19～－18℃。贝达葡萄的根系可耐－11℃的低温，其临界致死温度为－14℃。玫瑰香与山葡萄杂交育成的一些品种如北醇、北红等品种，根系可耐－7℃的低温，枝蔓可耐－25℃的低温，经多年的栽培经验表明，4年生以上的北红葡萄在新疆、甘肃、宁夏、河北、北京、天津等地区不埋土可安全越冬。

因此，在北方栽培葡萄时，要特别注意对枝蔓和根系的越冬保护工作。尽管有的地方冬季绝对低温并不低于－18℃，但有些年份地下40cm左右的根受冻，常有幼龄植株埋土越冬后仍发生死亡的问题，主要是埋土厚度不足使根系受冻致死。

2. 光照

葡萄是喜光植物，对光照非常敏感。光照不足时，节间变得纤细而长，花序梗细弱，花蕾弱小，花器官分化不良，落花落果严重，冬芽分化不好，不能形成花芽。同时叶片薄、黄化，甚至早期脱落，枝梢不能充分成熟，养分积累少，植株容易遭受冻害或形成许多“瞎眼”，甚至全树死亡。建园时应选择在光照良好的地方，并注意改善架面的通风透光条件，正确决定株行距、架向，采用正确的整枝修剪技术等。

3. 水分

土壤和空气湿度过低、过高都对葡萄生长发育不利。土壤干旱，会引起大量落花落果及果粒小、果皮厚韧、含糖量低、含酸量高、着色不良等现象，严重干旱时甚至使植株凋萎而死亡。浆果成熟期久旱骤雨，常使某些品种发生裂果。土壤长期积水会使葡萄根系窒息死亡，所以在雨季低洼地要注意排水。空气湿度过大，不利于授粉坐果，更为真菌病害的侵染创造了条件。浆果成熟期如果土壤水分过大，会降低浆果的质量和商品价值。

我国南、北方大部分地区都能种植葡萄，但产量高而稳定，品质最好的是那些降雨稀少但有灌溉条件，夏季干燥炎热的地区。新疆、西北干旱荒漠区、西北黄土高原、华北平原是降雨较少、土层深厚、夏季气温高而干燥的地区，栽培的葡萄产量高、品质好。

4. 土壤

气候条件决定能否种植葡萄或种植的品种，如鲜食、制干或酿酒等；而土壤条件决定浆果的品质及加工成品的特异品质。

葡萄对土壤的适应性很强，除了极黏重的土壤、重盐碱土不适宜生长发育外，其余如沙土、沙壤土、壤土和轻黏土、含有大量沙砾的壤土或半风化的成土母质上都可以栽培。但葡萄最喜土质肥沃疏松的壤土或砾质壤土。沙土、黏土和盐碱地如果通过土壤改良，并选用适当的品种也可以种植葡萄。

葡萄可在土壤 pH 5～8 时生长，pH 8.5 以上易发生黄化病。土壤总盐量达 0.4%，氯化物含量达 0.2%，是葡萄生长的临界条件，此类土壤应进行洗盐排碱和土壤改良。

5. 风、霜、冰雹

（1）风 微风有助于传播花粉，调节空气中二氧化碳的含量、温度和湿度，有利于葡萄的生长发育，且可减少病虫害蔓延。在浆果成熟期干风有利于浆果中糖分的积累。

大风会吹断嫩梢、摇落果穗、破坏支架。强烈的干热风会灼伤嫩梢、幼叶、花序花蕾，并影响授粉坐果。冬季大风吹走积雪，降低地温，不利于植株越冬。所以为了避免风害，建园时应选择背风向阳地段，同时注意营造防护林带。

（2）霜 是北方葡萄受害的主要气候因素之一。早霜会缩短葡萄的生长季，致使晚熟葡萄不能充分成熟，葡萄落叶早，新梢不能充分成熟以致遭受冻害。为了预防早霜，对栽后2~3年的植株，特别是生长不太充实的新梢应及时早下架，晚间覆盖，并在结冰前做好越冬防寒工作。

晚霜会使已萌发的嫩梢、芽、幼叶和花序遭受冻害，严重时绝产甚至死树。预防晚霜先要做好预测预报工作，采取灌溉、喷水或加热防霜等措施。集中连片的大面积葡萄园，加热法（燃油、燃蜡、燃气、燃柴）防霜效果好，是今后发展的方向，建议积极推广。

（3）冰雹 冰雹会使葡萄叶片、枝蔓受损，果穗被打烂，果粒被打裂，造成严重损失。大规模建园应避开有冰雹灾害的地区，并考虑建立各种防雹设施。

第三章

我国葡萄栽培品种

葡萄属于葡萄科葡萄属的植物。全世界葡萄属植物有80余种，我国有42个种、1个亚种、12个变种。按起源发生、地理分布和生态特性，葡萄可分为欧亚种群（仅欧洲葡萄一个种）、东亚种群（40余种）、北美种群（28种以上）。葡萄属植物中，用作栽培或砧木的约有20个种。目前，全世界栽培的葡萄品种至少有6000余种，并且新品种在不断增加。这些品种主要来源于欧洲葡萄和美洲葡萄及其杂交种。

根据形态、经济生物学特性等条件，葡萄可分为东方种群、西欧种群、黑海种群、美洲种群、欧美杂种种群、圆叶葡萄种群。

第一节　我国栽培的鲜食葡萄品种

一　早熟品种

（1）6-12　欧亚种，属绯红葡萄极早熟芽变。平均穗重450g，最大穗重1000g。果粒近圆形，平均粒重7g，最大粒重14g，果肉硬脆，丰产性强，含糖15.6%，完熟果皮呈紫红色，有淡玫瑰香味。6月底成熟，是保护地栽培中的最佳品种之一，多雨地区露地栽培有裂果现象。

（2）维多利亚　欧亚种。平均穗重630g，最大穗重2000g。果粒为长椭圆形，平均粒重11g，最大粒重24g，果皮呈黄绿色，肉硬脆、味甜，含糖16.2%。极丰产，7月中下旬完熟（彩图1）。

（3）白奥林 欧美种。果穗呈圆锥形，平均穗重800g，最大穗重1000g。果粒着生紧密，近圆形，平均粒重12g，完熟果皮为白色，汁多，味甜有香味，含糖19.6%。7月下旬成熟，该品种抗病性强，适应性广，适合南方高温多雨地区栽培。

（4）京亚 欧美种。平均穗重620g，最大穗重可达1000g以上。平均粒重11g，最大粒重20g；果皮厚，初着鲜艳红色，完熟为紫黑色；果粉厚，有肉囊，味酸甜，含糖16.4%。7月中旬完熟，可无核化栽培，适宜南北地区栽植。为增强树势生长，以5BB、SO_4、1103P、140R等做砧木（彩图2）。

（5）京翠 欧亚种。果穗呈圆锥形，平均穗重450g，最大穗重达800g。果粒呈椭圆形，为黄绿色，平均粒重7g，最大粒重12g，果皮薄，肉脆，可溶性固形物含量为16%~18.2%，可滴定酸含量为0.34%，味甜，肉质细腻。成熟后延迟采收1个月浆果不掉粒，不裂果，浆果糖分可继续积累，果肉仍脆，适宜北京、河北、山东、辽宁、新疆等地露地栽培及多雨潮湿地区避雨栽培。

（6）京秀 欧亚种。果穗呈圆锥形，平均穗重400g，最大穗重可达1000g以上。果粒呈椭圆形，平均粒重6g，最大粒重9g；果皮薄，完熟为玫瑰红至紫红色；果肉硬脆，味甜爽口，含糖17%。7月上中旬完熟，生产上注意促进树势，合理控制产量。

（7）京玉 欧亚种。果穗呈圆锥形，平均穗重560g。果粒呈椭圆形，平均粒重7g，最大粒重12g以上，完熟果皮为黄色，皮薄肉脆、味酸甜，含糖16.5%。丰产，较抗病，7月中下旬成熟。

（8）京蜜 欧亚种。果穗呈圆锥形，平均穗重620g。果粒着生紧密，果粒扁圆近圆形，平均粒重7g，最大粒重11g以上，完熟果皮为黄绿色，皮薄肉脆、味酸甜，含糖17%~21%。成熟后不易裂果，可在树上久挂不落粒，不变软，丰产，较抗病，7月中下旬成熟（彩图3）。

（9）矢富罗莎 欧亚种。果穗呈圆锥形带歧肩，平均穗重620g，最大穗重1000g以上。果粒呈椭圆形或圆柱形，平均粒重9g，最大粒重15g，完熟果皮为深红色至紫红，果肉脆甜，含糖16%。7月中下旬完熟，该品种抗病能力中等，适于避雨栽培。为增强树势生长，建议栽植5BB、SO_4、1103P、140R等砧木的嫁接苗。

（10）黑色甜菜 欧美种。果粒呈短椭圆形，为紫黑色，粒重14～18g，最大粒重31g。着色好，果粉多，果皮厚，易去皮，肉质硬爽，含糖16%～17%。抗病，丰产，7月中旬完熟。

（11）香妃 欧亚种。平均穗重450g，最大穗重1000g以上；果粒近圆形，平均重8.5g，最大10g以上；果肉硬脆，完熟为金黄色，含糖量16.7%，有浓郁的玫瑰香味。7月中下旬成熟。该品种有裂果和大小粒现象，适合干旱半干旱地区及保护地栽培。

（12）夏至红 欧亚种。果穗呈圆锥形，平均穗重750g，最大穗重1300g以上。果粒着生紧密，果粒呈椭圆形，平均粒重8.5g，最大粒重15g，含糖量16%～17.4%，成熟果粒为紫红色至紫黑色，果粉多，果梗拉力强，不脱粒，果皮中等厚，果肉为绿色，肉质脆，汁液中等多，风味清甜，略有玫瑰香味。7月上旬成熟。

（13）香玉 欧美种。平均穗重610g，最大穗重850g。成熟果粒为浅黄色，平均粒重8g，最大粒重13g，可溶性固形物含量为20%～24%，口感甜，有香味。成熟后挂果3个月不落粒。

（14）东方指 比美人指早熟15～20天；袋内100%着色，果皮为紫红色；粒重11～14g，含糖23%，外观极漂亮，肉质爽脆，甘甜可口。

（15）茉莉香 欧美种。穗重400g，果皮为红色，粒重10.4g，有浓郁茉莉香味。7月上旬成熟，抗病、抗寒性极强。

（16）奥古斯特 欧亚种。平均穗重630g，最大穗重1000g以上。平均粒重10g，最大粒重12.5g，果皮中等厚度，果肉硬，含糖17%，充分成熟果皮为金黄色。丰产性强，7月中旬成熟。

（17）贵妃玫瑰 欧亚种。果穗呈圆锥形，平均穗重700g，最大穗重1000g。果粒呈卵圆形，平均粒重10g，最大粒重15g，果肉硬脆，味甜，含糖18.4%，具有较浓的玫瑰香味，充分成熟果皮为黄色。7月中旬成熟，浆果有环裂现象。

（18）普列文玫瑰 欧亚种。果穗呈圆锥形，平均穗重500g，最大穗重可达1000g以上。果粒呈椭圆形，平均粒重7g，最大粒重12g，果肉硬脆，含糖17.5%，味极甜，有玫瑰香味，完熟果皮为紫红色。7月上中旬成熟，该品种抗病性差。

（19）郑州早玉 欧亚种。果穗呈圆锥形，平均穗重450g，最大穗重1000g以上。果粒呈长椭圆形，平均粒重7g，最大粒重13g，皮薄肉脆，汁多味甜，有淡玫瑰香味，含糖16.5%，完熟果皮为黄绿色。7月中旬成熟，抗病较弱，多雨地区易出现裂果。

（20）早巨选 欧美种。果穗呈圆锥形，平均穗重450g。果粒呈椭圆形，平均粒重12g，最大粒重17g。果皮呈紫黑色，果皮厚而韧，有肉囊，汁多味甜，含可溶性固形物15%~17%。7月下旬成熟。

（21）洛浦早生 欧美种。果穗呈圆锥形，平均穗重450g，最大穗重1000g，果粒呈短椭圆形，完熟果皮为紫红至紫黑色，平均粒重10g，最大粒重16g，果粉厚，果肉软而多汁，味酸甜，稍有草莓香味，含糖13.8%~16.3%。7月中旬成熟。

（22）红双味 欧亚种。果穗呈圆锥形，平均穗重436g。果粒呈椭圆形，平均粒重5g，含糖16%，品质上等，完熟果皮为玫瑰红色，有香蕉味和玫瑰香味，故名红双味。7月中旬完熟。

（23）黑香蕉 欧亚种。果穗呈圆锥形或圆柱形，平均穗重500g。果粒椭圆形，平均粒重5g，含糖15%~17%，有香蕉味，完熟为紫黑色。7月上旬完熟。

（24）沈阳玫瑰 欧亚种。果穗呈圆锥形，平均穗重620g。果粒呈椭圆形，平均粒重10g，最大粒重15g，皮中等厚度有果粉，汁多，有浓郁玫瑰香味，含糖17%，完熟果皮为紫黑色。丰产，7月中旬成熟。

（25）蜜汁 欧美种。果穗呈圆柱形，平均穗重300g。果粒近圆形，平均粒重8g，皮厚、味极甜、肉软多汁，完熟果皮为暗红色，含糖17%，品质上等。7月下旬完熟，该品种抗病、抗寒性强，在沙滩瘠薄地生长良好，是优良的早熟品种。

（26）紫珍香 欧美种。果粒为长圆形，平均粒重9g，果皮紫黑色，肉质软，多汁，含糖14%，具有玫瑰香味，品质上等。产量中等，抗病性强。8月中旬成熟。

（27）丰宝 欧亚种。果穗圆锥形，平均穗重700g，最大穗重1100g。果粒呈椭圆形，平均粒重7g，果肉多汁、略脆，味甜，有玫瑰香味，完熟果皮为紫黑色。7月中旬成熟。

（28）坂田良智 欧美种。果穗呈圆柱形或圆锥形，平均穗重550g。果粒近圆形，平均粒重10g，皮厚有肉囊，完熟果皮为紫黑色，含糖15.5%。品质中等，抗病性强，7月中旬完熟，自根苗生长弱，可采用5BB、SO_4嫁接苗。

（29）凤凰51号 果穗中等，呈圆锥形，极紧密，平均穗重347g。果粒大，平均粒重7g，为红色，近圆形或扁圆形，果面有3～4条沟纹，果皮中等厚度，肉稍脆，汁多，含糖13%～18%，含酸量0.6%左右，味酸甜，有玫瑰香味。

（30）628 欧亚种。果穗呈圆锥形，平均穗重450g。果粒呈椭圆形，平均粒重5.8g，果肉中硬，味甜，品质中等。7月上旬成熟。

（31）乍娜 欧亚种。果穗呈圆锥形，平均穗重850g。果粒近圆形，平均粒重7g，最大粒重17g，果皮为紫红色，肉质细脆，味清甘，含糖16%。7月中旬成熟。

（32）六月紫 欧亚种。果穗呈圆锥形，平均重400g，最大700g，平均粒重5.6g。果粒椭圆形，完熟紫黑色，果皮厚，果肉软，淡玫瑰香味，含糖14.5%，品质中等。7月上旬完熟。

（33）大粒六月紫 欧亚种。平均粒重8g，果粒呈椭圆形，完熟果皮为紫黑色，果皮厚，果肉软，有淡玫瑰香味，含糖15%，品质中等。6月下旬成熟。

（34）87-1 欧亚种。果穗呈圆锥形，平均穗重600g。果粒着生紧凑，果粒呈短椭圆形，平均粒重6g，最大粒重9g，果皮为深紫至紫黑色，果肉较硬脆，酸少，含糖13%，有浓郁的玫瑰香味。

（35）莎巴珍珠 欧亚种。果穗呈圆锥形，平均穗重200g，最大穗重300g。果粒近圆形，平均粒重4g，完熟果皮为黄绿色，果肉汁多味甜，含糖16.2%，有淡清香味。7月上旬成熟。

（36）早黑宝 欧亚种。平均穗重430g，最大穗重930g。果粒近圆形，平均粒重7.5g，果皮为紫黑色，皮厚肉软，有较浓的玫瑰香味，含糖16.7%。7月下旬完熟（彩图4）。

二 中熟品种

（1）里查马特 欧亚种。果穗呈圆锥形，平均穗重850g，最大穗重2500g。果粒为长卵圆形，平均粒重10g，最大粒重20g，成熟时果皮为鲜红色，最后为紫红色，外观艳丽，果皮薄，肉质脆，味甜，含糖15%，品质上等。树势强旺，丰产（彩图5）。

（2）秦陇大穗 欧亚种。果穗呈圆锥形，平均穗重1100g，最大穗重4600g。果粒近圆柱形，平均粒重15g，最大粒重25g，果皮为粉红色至紫红色，果皮薄，肉质脆，味甜，含糖15%。树势强旺，丰产。

（3）黑奥林 欧美种。平均穗重510g，平均粒重12.3g，果皮呈紫色，果肉脆甜，含糖15%~17%。抗病性强，丰产性好，不耐储藏。

（4）瑰香怡 欧美种。果穗呈短圆锥形，平均穗重800g。果粒呈圆形，平均粒重9g，最大粒重15g，果皮为黑紫色，与果肉易分离，果肉略硬，具浓郁的玫瑰香味，含糖15%，品质极上等，为中熟品种。

（5）利比亚 欧亚种。果穗呈圆锥形，平均穗重500g。果粒近圆形，平均粒重10g，果皮为紫黑色，肉质硬，含糖14%，品质上等。果粒附着极牢固，较耐储运，为中晚熟品种。树势旺，丰产性好，抗病性较强。

（6）葡萄园皇后 欧亚种。果穗大，呈圆锥形，常带副穗，中等紧密，平均穗重360g。果粒呈圆形，平均粒重5g，果粉薄，果皮为黄色或金黄色，果皮薄，外观美，果肉脆，味甜，有香味，含糖13%~18%，品质佳。

（7）紫玉（早生高墨） 欧美种。果穗呈圆锥形，平均穗重500g。果粒近圆形，平均粒重12g，果皮为紫黑色，肉质稍软，多汁，含糖15%，味甜，有清香。树势强，极丰产，成熟时不裂果，不脱粒，南北方表现均好。

（8）红瑞宝 欧美种。果穗中等大小，平均重400g，圆锥形，中等紧密。颗粒平均重8g，为椭圆形、浅红色，果皮中等厚度，肉软多汁，含糖15%~21%，含酸量0.5%，味甜，有草莓香味。为中熟品种，树势强，抗黑痘病能力强，裂果轻。

（9）金手指 又名金指，欧美种。果穗大，呈长圆锥形，松紧适度，平均穗重700g。果粒呈长椭圆形，略弯曲，亮黄透明，美观，平均粒重8g，最大粒重15g；果皮中等厚，可剥离，韧性强，不裂果，果肉较硬，甘甜爽口，有浓郁的冰糖味和牛奶味，含糖26.1%，甜味浓，品质上等。8月中旬成熟，该品种抗病性强，耐储运，生长势旺，适应性强（彩图6）。

（10）巨玫瑰 欧美种。果穗圆锥形，平均重680g，最大1150g。果粒椭圆形，平均粒重9g，最大15g，果粒整齐，果粉中等，果皮中等厚度，软肉多汁，酸甜适口，有纯正浓郁的玫瑰香味，含糖21%，品质极上，完熟为深紫色。8月下旬成熟（彩图7）。

（11）巨峰 欧美种。平均穗重450g，呈圆锥形，中等紧密。粒重9~12g，呈椭圆形，果皮为紫红色，果粉中等厚，果皮厚，肉软多汁，黄绿色，有肉囊，含糖14%~16%，为中熟品种。

（12）藤稔 欧美种。穗重600~1000g，最大穗重1500g，粒重15~18g，最大36g。比巨峰早熟1~2周。长势弱，自根苗幼树生长缓慢，根系浅，扦插不易生根，为增强树势生长，建议栽植5BB、SO_4、1103P、140R等砧木的嫁接苗。

（13）醉金香 欧美种。果穗为圆锥形，平均穗重500g。果粒呈椭圆形，平均粒重11g，果皮厚，完熟果皮呈黄色，肉质较软，味甜多汁，有茉莉香味，含糖17.6%，品质极上等。生产上常用无核化栽培，8月中旬完熟。

（14）香悦 欧美种。果穗呈圆锥形或圆柱形，平均穗重620g，最大穗重1100g。果粒近圆形，平均粒重11g，最大粒重18g，充分成熟果皮为蓝黑色，果粉多，果皮与果肉易分离，有玫瑰香味，含糖16.7%。品质佳、树势旺、丰产、特抗病，8月下旬成熟，适宜高温高湿地区种植。

（15）秋黑宝 欧美种。穗重437g，果粒呈短圆形或近圆形，中等紧密，平均粒重7g，最大粒重10g，果皮为紫黑色，含糖24%，味甜、具浓郁玫瑰香味，品质上等，8月下旬成熟。

（16）红芭拉蒂 欧洲种。平均穗重800g，最大穗重2000g。果粒呈椭圆形，着生中等密度，平均粒重8g，最大粒重12g，果皮为鲜红色，皮薄肉脆，含糖20%，品质极上等。8月上旬成熟，早果性强、丰产、抗病（彩图8）。

（17）桃太郎 欧亚种。平均粒重16g，最大粒重30g。果粒为扁椭圆形，表面有2~3条筋状的小沟，浆果呈黄绿色，果肉紧密，汁液中等，含糖18%~19%，口感甘甜清爽。果皮薄，不裂果，8月下旬成熟，不落粒，耐储藏，挂果期长（彩图9）。

（18）阳光玫瑰 欧美种。果穗呈圆锥形，果粒呈椭圆形，粒重8~14g，果皮为黄绿色，果粉少，肉质硬脆，耐储运，有玫瑰香味，含糖20%。不裂果不脱粒，坐果好，8月中旬成熟（彩图10）。

（19）东方之星 欧美种。果穗呈圆锥形。果粒呈长椭圆形，粒重10~12g，果皮为紫红色，果粉少，果肉厚，果质硬脆，有香味，含糖20%。8月上中旬成熟，不裂果、不脱粒，耐储运，适栽范围广。

（20）甬优一号 欧美种。果穗呈圆锥形，平均穗重600g，最大穗重1000g。平均粒重10g，最大粒重15g，果皮中等厚度，果肉中脆，含糖17.6%。8月中下旬成熟。

（21）高鲁比 欧美种。果穗呈圆锥形，平均穗重625g，最大穗重850g。果粒呈短椭圆形，果皮为粉红至鲜红色，平均粒重13g，最大粒重20g，果皮厚而韧，果粉厚，味浓甜，含糖17.8%。8月上中旬成熟。

（22）黑瑰香 欧美种。果穗呈圆锥形，平均穗重500g。果粒近圆形，平均粒重8.5g，最大粒重10.5g，软肉多汁，味甜，含糖16.5%，有玫瑰香味，果皮为蓝黑色，着色整齐一致。8月上旬成熟。

（23）黑峰 欧美种。果穗呈圆锥形，平均穗重400g，最大穗重1000g。果粒近圆形，平均粒重9g，最大粒重12g，有草莓香味，含糖17.6%。完熟果皮为黑色。8月中旬成熟。

（24）京优 欧美种。果穗呈圆锥形，平均穗重550g，最大穗重850g。果粒呈卵圆至近圆形，平均粒重11g，最大粒重16g，玫瑰香味，果肉脆甜，含糖16%~19%。8月上旬成熟，浆果为紫黑色，耐运输，抗旱、抗寒性较好，有大小粒与裂果现象。

（25）安艺皇后 欧美种。果穗呈圆锥形，平均穗重300g。果粒呈卵形或近圆形，平均粒重13g，完熟果皮为红色，含糖18%。耐储存，8月下旬成熟。

（26）天缘奇 欧美种。平均穗重550g，最大穗重850g。平均粒重11g，最大粒重16g，果肉较硬、味甜，含糖18%。果粒完熟为紫黑色，8月上旬成熟，有大小粒与裂果现象。

（27）黄金香 欧美种。果穗呈圆柱形，平均穗重480g。果粒呈卵圆形，平均粒重9g，最大粒重15g，完熟果皮为金黄色，果肉软，汁多味香甜，含糖17.8%。该品种树势旺，抗病性、丰产性强，8月中下旬成熟。

（28）户太8号 欧美种。平均穗重600g，最大穗重1000g。平均粒重12g，最大粒重20g。抗病性强，生长旺，丰产，多次结实能力强，8月上旬成熟（彩图11）。

（29）大粒玫瑰香 欧亚种。果穗呈圆锥形，平均穗重400g。果粒着生紧凑，平均粒重6.8g，最大粒重12g，皮厚肉软，有肉囊，完熟果皮为紫红色，含糖18%，味甜多汁，有浓郁的玫瑰香味。抗病性中等，8月上旬完熟。

（30）黑蜜 欧美种。果穗呈圆锥形，平均穗重500g。果粒近圆形，平均粒重11g，最大粒重18g，果肉较硬，汁多味甜，有草莓香味，含糖18.6%，不裂果、不落粒、耐储运，果粒完熟为紫黑色。8月中旬成熟。

（31）巨星 欧亚种。果穗呈圆锥形，平均穗重680g，最大穗重2000g。果粒呈圆柱形，平均粒重10g，最大粒重14g，成熟果皮为玫瑰红色至紫红色，皮薄肉脆、汁多味甜，含糖16%。8月上旬完熟。

三 晚熟品种

（1）美人指 欧亚种。果穗呈圆柱形，较松散，平均穗重400g，最大穗重1500g以上。果粒细长略带弯曲，先端紫红光亮，外观极美，平均粒重11g，最大粒重18g。果肉脆，味甜爽口，含糖17%，较耐储运。9月中旬完熟，宜用T型架或棚架栽培（彩图12）。

（2）红地球 欧亚种。果穗呈圆锥形，平均穗重800g，最大穗重1500g。果粒呈圆形或卵圆形，平均粒重11.2g，最大粒重20g，完熟果皮为红色或紫红色，果肉硬脆，味甜，含糖16.3%。果刷粗长，抗拉力强，极耐储运，9月下旬成熟（彩图13）。

（3）魏可 欧亚种。果穗呈圆锥形，平均穗重500g，最大穗重1000g。果粒为椭圆形且着生紧密，平均粒重10g，最大粒重15g，完熟果皮为深紫红至紫黑色，果肉硬脆，味极甜，含糖19%以上。耐储运，10月上旬成熟。

（4）摩尔多瓦 欧美种。果穗呈圆锥形，平均穗重650g，最大穗重1000g。果粒近圆形，平均粒重8g，最大粒重18g，完熟果皮为蓝黑色，含糖16%以上。10月上中旬成熟，树势旺，耐瘠薄，抗病性极强，极丰产。

（5）红乳 欧亚种。果穗呈圆锥形，平均穗重750g，最大穗重1000g。果粒呈短圆柱形略带弯曲，平均粒重10g，着生紧密，抗拉力强，肉质较脆，含糖17%，完熟果皮为红色至紫红色，9月中下旬成熟。

（6）紫地球 欧亚种。果穗呈圆锥形带歧肩，较松散，穗重1500g以上。果粒呈圆柱形，平均粒重15g，完熟果皮为紫黑色，果肉稍软，味甜，含糖15%～16%。树势旺，丰产，9月下旬成熟。

（7）高妻 欧美种。果穗呈圆锥形，平均穗重500g。果粒呈短椭圆形，粒重10～17g，果皮厚，呈黑色，裂果少，果肉多汁，含糖19%。果粒抗拉力较强，较耐运输。树势旺，丰产，抗病、耐寒。因自根苗生长弱，应用5BB、SO_4嫁接苗。

（8）红罗莎里奥 欧亚种。果穗呈圆锥形，平均穗重500g，最大穗重800g。果粒着生紧密，平均粒重7.5g，最大粒重11g，完熟果皮为鲜红色，果肉爽脆，味甜，有玫瑰香味，含糖17%，9月中旬成熟。

（9）黄蜜 欧美种。果穗呈圆锥形，平均穗重500g，最大穗重950g。果粒呈卵圆形，平均粒重10g，最大粒重14g，果皮为白黄色，肉质稍脆，有草莓香味，含糖18%。9月上旬成熟，抗病力强，耐储运。

（10）秋红宝 欧亚种。果穗呈圆锥形，平均穗重500g，最大穗重700g。果粒呈短椭圆形，平均粒重7.2g，最大粒重9g，果皮呈紫红色，果肉硬脆，味甜爽口，有荔枝味，含糖21%。适应性强，长势强旺，早果、丰产性强。

（11）红指 欧亚种。平均穗重580g，最大穗重1500g，浆果为紫红色，果粒细长略带弯曲，含糖25%，9月上旬成熟。

（12）状元红 欧美种。果穗呈长圆锥形，平均穗重1100g。果粒呈长圆形，着生紧密，平均粒重10.7g，果皮为紫红色，具玫瑰香味，含糖16%。9月中旬成熟，抗病性强，适应范围广。

（13）金田美指 欧亚种。果穗呈圆锥形，平均穗重500g，果穗紧密。果粒呈长椭圆形，果皮为鲜红色，着色整齐，单粒重9g，果肉脆，多汁，含糖19%，果梗极短。抗拉力强，耐储运，9月上旬成熟。

（14）天山 欧亚种。果粒呈椭圆形，平均粒重20g，最大粒重45g，含糖17%～18%，肉质硬脆，有柿子的味道，果皮为绿黄色。树势强壮，耐贫瘠，抗病性强，9月上旬成熟（彩图14）。

（15）翠峰 欧美种。果穗呈圆锥形，平均穗重400g，最大穗重860g。果粒近圆形，平均粒重13g，果皮为黄绿色或白黄色，果肉硬度中等，含糖18%。9月上旬成熟。

（16）比昂扣 欧亚种。果穗呈圆锥形，平均穗重450g，最大穗重685g。果粒呈椭圆形，平均粒重8.5g，最大粒重14g，果皮为黄绿色，甜味浓，含糖17.6%，品质上等。9月中旬成熟。

（17）巴西 欧亚种。果穗为圆锥形，平均穗重580g。果粒近圆形，平均粒重8.5g，最大粒重12g，果皮厚，果肉硬脆，完熟果皮为暗红色至紫黑色，含糖16%。9月上中旬成熟。

（18）信侬乐 欧美种。果穗为圆锥形，平均穗重400g。果粒呈椭圆形，平均粒重13g，果皮为鲜红色，浓甜多汁，含糖18%。9月中下旬成熟。

（19）秋红 欧亚种。果穗呈长圆锥形，平均穗重700g，最大穗重2000g。果粒呈长椭圆形，平均粒重7g，浆果为深紫红色，果肉硬，味甜爽口，含糖18%。10月上旬完熟，极丰产，耐储运。

（20）达米娜 欧亚种。平均穗重560g，最大穗重1100g。果粒着生紧，近圆形，平均粒重 8.5g，最大粒重 14.5g，果皮中等厚度，完熟果皮为紫红色，果肉软硬适中，有浓郁的玫瑰香味，含糖 16.5%。9 月中下旬成熟，有大小粒现象。

（21）格拉卡 欧亚种。果穗呈长圆锥形，平均穗重 850g，最大穗重 2100g。果粒呈椭圆形，平均粒重 11g，最大粒重 18g，果皮为黄绿色，酸甜适口，含糖 16%。9 月下旬至 10 月上旬成熟，丰产性极强。

（22）蜜红 欧美种。果穗呈圆锥形，平均穗重 536g，最大穗重 170g。果粒近圆形，平均粒重 8g，具有清香味，含糖 18%，果皮为红色，肉较软。特抗病，适应性强，9 月中旬成熟。

（23）高蓓蕾 欧亚种。果穗呈圆锥形，果粒着生紧密，平均穗重 700g，最大穗重 1500g。果粒呈倒卵形，平均粒重 12g，果皮为紫红色至紫黑色，果粉厚，果肉脆甜，有玫瑰香味，含糖 17%。9 月中下旬成熟。

（24）克林巴马克 欧亚种。果穗呈圆锥形，平均穗重 460g，最大穗重 1000g。果粒着生松散，为长椭圆形，完熟果皮为金黄色，平均粒重 7g，最大粒重 15g，皮薄肉脆，味甜爽口，含糖 17%。9 月底成熟。

（25）晚霞 欧美种。果穗呈圆锥形，平均穗重 700g，最大穗重 1000g。果粒近圆形，平均粒重 10g，最大粒重 20g，完熟果皮为紫红色，味甜多汁，有淡玫瑰香味，含糖 16.3%。丰产，8 月下旬成熟。

（26）红茧 欧亚种。果穗呈圆锥形，平均穗重 500g，最大穗重 1500g。果粒呈椭圆形，平均粒重 10g，最大粒重 13g，浆果为鲜红色，肉硬脆，味甜，含糖 17%～19%。9 月上中旬完熟。

（27）红鸠 欧亚种。果穗呈圆锥形，穗重 350～400g。果粒呈椭圆形，粒重 11～13g，完熟果皮为鲜红色，果肉硬脆。9 中旬成熟。

（28）新尤尼坤 欧亚种。果穗呈圆锥形，穗重 400～500g。果粒呈椭圆形，果皮为紫色，粒重 7～10g，肉质脆甜，含糖 17%。树势旺，丰产，耐储运，9 月上旬成熟。

（29）红意大利 欧亚种。果穗呈圆锥形，平均穗重 400g，果粒呈椭圆形，平均粒重 6.9g，果皮薄，肉脆，味甜，含糖 16.8%。9

月下旬完熟。

（30）夕阳红　欧美种。果穗呈圆锥形，平均穗重630g，最大穗重2000g。果粒呈椭圆形，着生紧密整齐，平均粒重11g，最大粒重19g，果皮为暗红色，皮厚肉软，有浓郁的玫瑰香味，含糖17.3%。9月上旬完熟。

（31）秋黑　欧亚种。果穗呈圆锥形，平均穗重460g，最大穗重1500g。果粒呈阔卵形，平均粒重8g，着生紧密，果皮薄、为黑色，果肉脆甜，含糖16.7%。耐储运，9月下旬成熟。

（32）峰后　欧美种。果穗呈圆锥形，平均穗重470g。果粒近圆形，平均粒重13.9g，最大粒重20g，皮厚，果肉硬，含糖17%，完熟果皮为紫红色。9月上中旬完熟。

（33）红高　欧亚种。果穗呈圆锥形，平均穗重450g，最大穗重1500g。果粒呈椭圆形，平均粒重8g，完熟果皮为紫色，皮薄肉脆，有淡玫瑰香味，含糖16.7%。10月上旬完熟。

（34）红井川　欧美杂交种。果穗呈圆锥形，平均穗重600g。果粒呈卵圆形，平均粒重12g，果皮为紫红色，含糖18%，有清香。抗病性强，坐果率高，极丰产。

（35）黑大粒　欧亚种。果穗呈长圆锥形，平均穗重700g，最大穗重1700g。果粒呈倒卵形，平均粒重10g，果皮厚、为黑色，果肉硬脆，含糖21%。脱粒，特耐储藏运输。

（36）秋红　欧亚种，又名圣诞玫瑰。果穗呈长圆锥形，平均穗重880g，最大穗重3200g。果粒呈长椭圆形，平均粒重7.5g，着生较紧密，果皮为深紫红色，不裂果，果肉硬脆，含糖17%。果粒不脱粒，耐储运。

（37）玫瑰香　欧亚种。果穗呈圆锥形，平均穗重350g。平均粒重5g，果皮为紫红色，果粉厚，果皮中等厚，玫瑰香味浓，含糖15%~19%。9月中旬成熟（彩图15）。

（38）龙眼　平均穗重600g，最大穗重1500g，呈圆锥形。果粒近圆形或椭圆形，平均粒重5g，果皮为紫红色，果粉厚，果皮中等厚度，含糖15%~20%，耐储运。9月下旬成熟。

（39）牛奶　别名马奶子（新疆）。果穗重300~800g，为长圆锥形。果粒重4.5～6.5g，最大粒重9g，为圆柱形，果皮为黄绿色，果皮薄，肉脆，含糖15%～22%。8月中旬成熟。

(40) 吐鲁番红葡萄　果穗重300～400g，最大1500g，中等紧密。平均粒重4g，为卵圆形，果皮为粉红色，果皮薄，含糖22%～23%。8月中旬成熟。

(41) 木纳格　果穗重540～780g，为圆锥形，松散。红木纳格粒重7～8g，为椭圆形，果皮为微红色，果皮薄而韧。9月底成熟。绿木纳格果粒重10～15g，丰产，耐储运。

四 无核品种

(1) 夏黑　欧美种。果穗呈圆锥形，平均穗重315g，果粒近圆形，粒重7.5g；膨大剂处理后，平均穗重600g，平均粒重9.5g。完熟果皮为紫黑色，肉硬脆，甜味浓，有淡草莓清香味，含糖17%。7月中旬成熟（彩图16）。

(2) 金星无核　欧美种。果穗呈圆锥形，平均穗重456g，最大穗重850g。果粒着生紧密，近圆形，平均粒重4.5g，膨大剂处理后可达8g，完熟果皮为蓝黑色，有草莓香味，含糖16.7%。7月中旬成熟，丰产、抗病极强（彩图17）。

(3) 无核早红　欧美种。粒重4.5g，膨大处理前平均穗重190g，处理后平均穗重650g，最大穗重1500g，粒重9g，处理后无核率100%，果皮为红色，肉质较脆，有香味，不裂果，含糖16%。7月中旬完熟，极丰产、抗病、适应性强（彩图18）。

(4) 碧香无核　欧亚种。果穗呈圆锥形，平均穗重600g。果粒呈圆形，果皮为黄绿色，平均粒重7g，果皮较薄、脆，有浓郁的玫瑰香味，含糖20%。7月中下旬成熟。

(5) 无核白鸡心　欧亚种。果穗呈圆锥形，平均穗重716g，最大穗重1500g。果粒呈鸡心形，平均粒重5.6g，膨大剂处理后可达10g。完熟黄色，果肉硬脆，含糖18%，极耐贮运。在7月中下旬完熟。注意防止产生果锈（彩图19）。

(6) 紫甜无核　欧亚种。平均穗重500g，最大穗重1500g。果粒呈圆柱形，平均粒重7.5g，处理后粒重10～13g，成熟后果皮为紫黑色，果粉厚，有牛奶香味。含糖21%。9月中旬成熟。

（7）紫脆无核 欧亚种。平均穗重500g，最大穗重1200g。果粒呈鸡心形，单粒重5g，经处理后粒重10g，果皮为紫黑色，含糖21%，果肉硬脆，有牛奶香味。9月上中旬成熟。

（8）克瑞森无核 欧亚种。果穗呈圆锥形，平均穗重500g，最大穗重1000g。果粒呈长椭圆形，果皮中等厚度，平均粒重5g，处理后粒重10g以上，果肉硬脆，含糖19%，极耐储运。10月中旬完熟（彩图20）。

（9）无核寒香蜜 欧美种。果穗呈圆锥形，平均穗重400g，最大穗重1000g。果粒着生紧密，为圆形，平均粒重4g，经处理后可达7g，果肉软，含糖18%，完熟果皮为紫红色。7月上中旬成熟。

（10）弗蕾无核 欧亚种。果穗呈圆锥形，平均穗重565g，最大穗重1000g。果粒近圆形，平均粒重3.5g，经处理后可达6g。果肉硬脆，含糖17%，完熟果皮为紫红色。7月中旬成熟。

（11）红宝石无核 欧亚种。果穗呈圆锥形，平均穗重650g，最大穗重1500g。果粒呈椭圆形，平均粒重4g，经处理后可达7g，果皮中等厚度，果肉硬脆，含糖18%，果皮为紫红色。9月中旬完熟。

（12）希姆劳特 欧美种。平均穗重750g，果粒呈椭圆形，平均粒重5g，果皮为黄绿色，肉软味甜，有青草香味，含糖17.5%。7月上中旬成熟。

（13）奥迪亚无核 欧亚种。果穗呈圆锥形，平均穗重540g。果粒呈椭圆形，平均粒重4g，经处理后可达7g，果皮中等厚度，为紫黑色，果肉较脆，含糖17.8%。7月中旬成熟。

（14）奇妙无核 欧亚种。果穗呈圆锥形，平均穗重460g，最大穗重1000g。果粒呈长椭圆形，粒重7g，处理后可达10g，果皮中等厚度，肉脆甜，含糖16.8%，成熟果皮为黑色。8月中旬成熟。

（15）莫莉莎无核 欧亚种。果穗呈圆锥形，平均穗重500g。粒重6g，经处理可达10g，果皮薄，为黄绿色，肉质较硬，有玫瑰香味，含糖17.5%。9月下旬成熟。

（16）优无核 欧亚种。果穗呈长圆锥形，平均穗重510g，最大穗重1000g。果粒呈卵圆形，平均粒重6g，经处理后可达10g，果皮薄，为黄绿色，果肉硬脆，有淡玫瑰香味，含糖17.2%。7月下旬成熟。

（17）皇家秋天 欧亚种。果穗呈圆锥形，平均穗重600g，最大穗重1500g。果粒呈椭圆形，果皮为紫黑色，粒重6.5g，经处理后可达10g，果皮薄，果肉硬脆，含糖17%。10月上旬成熟。

（18）黎明无核 欧亚种。果穗呈短圆锥形，平均穗重500g。果粒呈椭圆形，平均粒重5g，处理后可达8g，果皮薄，为黄绿色，果肉脆甜，含糖17.5%。7月下旬成熟。

（19）汤姆逊无核 欧亚种。果穗呈圆锥形，平均穗重550g。果粒呈椭圆形，果皮为黄绿色，平均粒重5g，果肉脆甜，含糖18%。7月下旬成熟。

（20）红脸无核 欧亚种。果穗呈长圆锥形，平均穗重650g，最大穗重1500g。果粒呈椭圆形，平均粒重4g，果皮为鲜红色，果肉硬脆，含糖16%。不裂果，不脱粒，较耐储运，丰产。

（21）康能无核 欧亚种。果穗呈长圆锥形，平均穗重250g。果粒呈椭圆形，平均粒重3g，果皮为鲜红色，果肉硬脆，含糖18%。不裂果，不脱粒，较耐储运，8月上旬成熟。

第二节 我国栽培的主要酿酒葡萄品种

一 红色品种

（1）赤霞珠 欧亚种。果穗呈圆柱形，平均穗重175g。果粒呈圆形，平均粒重1.3g，果皮厚，色素丰富，果肉多汁，含糖19.3%，含酸0.71%，出汁率62%。用其酿制的酒呈深宝石红色，果香浓郁，滋味和谐，典型性强。10月上旬成熟（彩图21）。

（2）梅鹿辄 欧亚种。果穗呈圆锥形，平均穗重190g。果粒近圆形，为紫黑色，平均粒重1.8g，果皮厚，有柔和的青草香味，含糖20.8%，含酸0.71%，出汁率为74%，9月中旬成熟。用其酿制的酒呈宝石红色，酒体丰满柔和，比较淡雅，鲜酒成熟快

（彩图 22）。

（3）西拉 欧亚种。果穗呈圆锥形，平均穗重 245g。果粒近圆形，为蓝黑色，平均粒重 1.9g。果肉有独特香味，含糖 20.6%，含酸 0.96%。用其酿制的酒为深宝石红色，果香芬芳独特，酒香浓郁，滋味纯正，回味极佳，属高单宁含量品种，宜在热量丰富的地区栽培（彩图 23）。

（4）蛇龙珠 欧亚种。果穗呈圆锥形或圆柱形，平均穗重 193g，最大穗重 400g。果粒呈圆形，为紫黑色，平均粒重 1.8g，果皮厚，果肉多汁，有浓郁青草香味，含糖 18.8%，含酸 0.56%，出汁率为 75%。用其酿制的酒呈宝石红色，晶亮，爽口，具解百纳纯正的果香，醇厚协调，结构完美，酒体丰满。9 月中旬成熟（彩图 24）。

（5）品丽珠 欧亚种。果穗呈圆锥形，穗重 200g。果粒近圆形，为紫黑色，平均粒重 1.4g，果皮厚，果肉多汁，具有解百纳香型和欧洲木莓独特的香味，含糖 21%，含酸 0.7%，出汁率为 73%。用其酿制的酒呈宝石红色，果香和酒香和谐，具解百纳香味，柔和，滋味醇正，酒体完美。9 月中下旬成熟。

（6）桑乔维赛 欧亚种。果穗呈圆锥形，平均穗重 628.3g。果粒近圆形，平均粒重 2.6g，为紫黑色，含糖 15%，含酸 0.72%，树势强，产量高，抗病性和适应性较强。可酿制干红、甜红葡萄酒，酒色呈红宝石色，酒香浓郁，口感较爽。

（7）泰姆比罗 欧亚种。果穗大而长，平均穗重 686g。果粒近圆形，平均粒重 2.28g，为紫红色，含糖 19.6%，含酸 0.59%，9 月下旬成熟。用该品种酿制的葡萄酒单宁含量高，色素含量中等偏高，酒香浓郁。

（8）小味儿多 欧亚种。果穗呈圆锥形，果粒近圆形，为紫黑色，粒重 1.65g，含糖 12.19%，含酸 0.75%，出汁率 70%。用该品种酿制的酒呈宝石红色，酒质肥硕，回味悠长。

（9）法国蓝 欧亚种。果穗呈圆锥形，平均穗重 281.5g，最大穗重 542g。果粒近圆形，平均粒重 2.7g，含糖 17.5%，含酸 0.6%，出汁率为 75%，8 月下旬成熟。用其酿制的酒呈宝石红色，澄清透明，酒味香浓，柔和爽口，醇和怡雅，酒体协调，回味绵延，具有独特风味，原酒成熟快。

（10）黑比诺 欧亚种。果穗呈圆锥形，平均穗重210.5g。果粒呈圆形，平均粒重1.73g，为黑紫色，果皮较厚，出汁率78%，含糖20.3%，含酸0.74%，8月中下旬成熟。本品种是酿制香槟酒、干白或干红葡萄酒的良种（彩图25）。

（11）佳利酿 欧亚种。果穗呈圆锥形，平均穗重370g，最大穗重728g。果粒呈椭圆形，为紫黑色，平均粒重2.9g，最大粒重3.5g，果粉和果皮中等厚度，略带青草香味，含糖16.5%，含酸1.1%，出汁率为79.4%。用其酿制的酒呈浅红色，有较浓的果香味，酒体充沛，原酒成熟快。

（12）佳美 欧亚种。果穗呈短圆形，平均穗重320g，最大穗重480g。果粒呈黑色，近圆形，粒重1.9g，出汁率78.1%，含糖16.5%，含酸0.9%。用它酿制的酒呈紫红色，丰盈爽口，在轻淡细致中有一点热感，使人心旷神怡。

（13）双优 山葡萄系品种。果穗呈长圆锥形，平均穗重102.6g，最大穗重500g。果粒呈圆形，为紫黑色，粒重0.9g，皮薄，含糖13%，含酸2%，出汁率65%。适应性强，抗寒力极强，9月上中旬成熟。

（14）双红 山葡萄系品种。果穗呈长圆柱形，平均穗重127g，最大穗重285g。果粒呈圆形，为蓝黑色，粒重0.9g，含糖18%，含酸1.8%，出汁率56%。所酿制的酒呈宝石红色，清高，果香明显，口味舒顺，浓郁爽口，余香长，典型性好。

（15）左优红 欧亚种。果穗呈圆锥形，平均穗重144.8g。最大穗重151.6g。果粒呈圆形，果皮为蓝黑色，平均粒重1.36g，含糖17%，含酸1.1%，果皮薄，果汁为桃红色。9月上中旬成熟。

（16）多米纳 果穗呈圆锥形，平均穗重376g。果粒近圆形，平均粒重2.6g，为紫黑色，果皮中等厚度，含糖17.5%，含酸0.5%。该品种酿制的酒，酒色呈深红宝石色，风味纯正，香气突出，口感好，酒体丰满。

（17）宝石 果穗呈圆锥形，平均穗重246.8g。果粒近圆形，平均粒重1.71g，为紫黑色，果皮厚，含糖19.8%，含酸0.66%。该品种酿制的酒，酒色呈深红宝石色，具有赤霞珠的香味，滋味醇美，回味佳，酒体丰厚。

（18）黑多内 果穗呈圆柱形，平均穗重321g。果粒近圆形，为紫黑色，平均粒重4.06g，果粉厚，含糖17%，含酸0.74%。9月下旬成熟。

（19）黑佳美 欧亚种。果粒呈椭圆形，为黑色，平均粒重3.1g，果皮中等厚度，含糖16.8%，含酸1.2%。9月下旬成熟。

（20）歌海娜 果穗呈圆锥形，平均穗重213g。果粒呈椭圆形，平均粒重1.82g，为黑色，含糖15.9%，含酸0.61%。酿制的红葡萄酒香气完整，酒体柔和，风味独特。

（21）北冰红 欧亚种。果穗呈长圆锥形，平均穗重160g，最大穗重1328g。果粒呈圆形，为蓝黑色，平均粒重1.3g，果肉为绿色，含糖20%，含酸1.43%，出汁率68%，9月中下旬成熟，抗寒力强。用其酿制的葡萄酒具深宝石红色，有浓郁悦人的蜂蜜和杏仁复合香气，果香酒香突出，回味悠长，酒体平衡、醇厚、丰满（彩图26）。

（22）北红 欧亚种。果穗呈圆锥形，平均穗重160g，最大穗重290g。果粒呈圆形，为蓝黑色，平均粒重1.57g，含糖25%，含酸0.89%，出汁率62.9%，9月中下旬成熟，抗寒力强。用其酿制的葡萄酒具深宝石红色，有蓝莓和李子的香气，入口柔和，酒体平衡、醇厚，回味悠长（彩图27）。

二 白色品种

（1）霞多丽 欧亚种。果穗呈圆柱形，平均穗重142g。果粒近圆形，平均粒重1.4g，果皮为绿黄色，含糖20.3%，含酸0.75%，出汁率72%，9月上旬成熟。用其酿制的酒呈浅柠檬黄色，澄清，幽雅，果香微妙悦人（彩图28）。

（2）意斯林 欧亚种。果穗呈圆柱形，平均穗重195g，最大穗重450g。果粒近圆形，为黄绿色，平均粒重1.3g，最大粒重3g，果皮中等厚度，含糖22%，含酸0.37%，9月下旬成熟。用其酿制的酒呈浅黄色，澄清透亮，酒香悦人，柔和爽口，酒体丰满，回味深长。

（3）长相思 欧亚种。果穗呈圆锥形，平均穗重163.8g。果粒近圆形，平均粒重1.4g，果皮中等厚度，为黄绿色，含糖18.4%，含酸0.73%，出汁率78%，9月中旬成熟。酿制的白葡萄酒呈浅黄白色，澄清透亮，具浓郁的独特果香，酒质极佳。

（4）雷司令 欧亚种。果穗呈圆锥形，平均穗重190g，最大穗重400g。果粒近圆形，为黄绿色，含糖18.9%，含酸0.88%，出汁率67%，9月下旬成熟。用其酿制的酒呈浅金黄色微带绿色，澄清透明，果香悦人，柔和爽口，回味绵延。

（5）威代尔 欧美种。果穗呈圆锥形，平均穗重226g，最大穗重1028g。果粒近圆形，平均粒重1.87g，果皮为黄绿色，含糖20.6%，含酸0.8%，出汁率78.6%，是酿制冰酒最理想的品种之一。

（6）白比诺 欧亚种。果穗呈圆锥形，平均穗重193.3g，最大穗重219g。果粒近圆形，平均粒重1.89g，最大粒重2g，果皮薄，呈绿黄色，含糖19%，含酸0.87%，出汁率76.7%，9月上旬成熟。其酿制的酒呈浅金黄色，澄清透亮，果香和酒香悦人，原酒成熟快，储存多年酒香浓，酒体丰满完整，柔和爽口，回味绵延。

（7）灰比诺 欧亚种。果穗呈圆锥形，平均穗重300g。果粒近圆形，为紫褐色，平均粒重1.7g，果皮厚，含糖19%，含酸0.7%，出汁率78%，8月底成熟。用其酿制的酒，酒色微黄，澄清发亮，具清淡香味，柔细爽口，酒体完整。

（8）白诗南 欧亚种。果穗呈椭圆形，平均穗重280g。果粒呈椭圆形，平均粒重1.6g，为黄绿色，含糖19.3%，含酸0.75%，9月下旬成熟。酿制的葡萄酒呈浅黄绿色，澄清透明，具浓郁的果香和优雅的蜂蜜香气，味纯和协调。

（9）白玉霓 欧亚种。果穗大，穗重293～442g，呈长圆锥形，有副穗，紧密。果粒中等大小，为黄绿色，平均粒重2.6g，果皮中等厚度，肉软多汁，出汁率70%，含糖15%～18%，含酸0.8%～1.2%，9月下旬成熟，为晚熟品种。树势强，丰产，耐寒，抗病性较强，除酿制白葡萄酒外，更是加工白兰地的优质原料。

（10）赛芙蓉 欧亚种。果穗呈圆锥形，穗重150～170g。果粒呈圆形，为黄绿色，平均粒重1.7g，果皮中等厚度，含糖18%，含酸0.7%，出汁率70%，为中晚熟品种。酿制的葡萄酒呈黄绿色，澄清透亮，香气及酒香浓郁，味柔和协调，爽口。

（11）熊岳白 山欧种。平均穗重260g，果粒近圆形，平均粒重2.7g，含糖23%，含酸0.7%，出汁率73%。酿制的白葡萄酒有出色的酒香和果香。

三 调色葡萄酿酒品种

（1）烟73 欧亚种。果穗呈圆锥形，平均穗重250g。果粒呈卵圆形，平均粒重2.5g，果肉为红色，有香味，含糖15%，含酸0.72%，出汁率68%。该品种为中熟酿酒调色品种，其酿制的红葡萄酒，色泽鲜艳，具有较好的果香和酒香。

（2）烟74 欧亚种。是烟73的姊妹品种。平均穗重300g，果粒呈椭圆形，为紫红色，果皮中等厚度，果肉为红色，含糖18%，含酸0.56%，出汁率70%。该品种所酿制的酒，果香、酒香浓郁、醇正柔和，可作为红葡萄酒的原料。

第三节 我国栽培的其他葡萄品种

一 制干与制汁品种

（1）无核白 原产于中亚和近东一带。果穗呈长圆锥形，平均穗重360g。果粒呈椭圆形，平均粒重2.8g，为黄绿色，果皮薄，肉脆，含糖24%，含酸0.4%，制干率23%，无种子，是全世界生产葡萄干的最主要品种，也是品质极佳的鲜食、制罐品种。

（2）京早晶 欧亚种。果穗呈圆锥形，平均穗重330g。果粒呈卵圆形，平均粒重2.6g，为黄绿色，充分成熟时为琥珀色，果皮薄，肉脆，含糖22%，含酸0.53%，9月上旬成熟。

（3）大无核白 为无核白的四倍体芽变品种。果穗呈圆锥形，穗重290～600g。果粒呈椭圆形，重2.5～2.9g，为黄绿色，果皮薄，肉脆，含糖25%，含酸0.6%，无种子。

（4）康可 果穗呈圆锥形，穗重200～220g。果粒近圆形，平均粒重3g，为紫红色，果皮厚，果汁为红色，味酸，为中熟品种。

（5）康早 别名康拜尔早生。果穗呈圆锥形，平均穗重154g。

果粒近圆形，平均粒重4.2g，为紫黑色，果皮厚，葡萄原汁为紫红色，含糖13.8%，含酸0.67%，为中熟品种。

二 砧木品种

（1）5BB 极抗根瘤蚜、根结线虫，耐石灰质土壤和耐湿性较好，在黏土中生长良好。不太耐旱。砧木生长势旺，扦插生根率高，与品种嫁接成活率高，并能提高品种品质，早熟、着色好。

（2）SO_4 植株生长旺盛，扦插生根容易，嫁接品种亲和力强，高抗根癌病、根结线虫、根瘤蚜，土壤适应范围广，抗旱，耐潮湿，耐盐碱。它接穗表现早熟，根系抗低温能力强。

（3）1103P 生长势旺，适于钙质黏土应用。抗根瘤蚜、根结线虫，抗缺铁失绿，抗旱、抗盐碱、耐湿，生根和嫁接状况良好，产枝量中等。

（4）110R 抗根瘤蚜、根结线虫性能中等，抗旱性强，抗缺铁失绿，对磷具有良好的吸收能力。对镁吸收能力较弱，可以适应含镁的土壤及酸度较大的地方。生长势旺盛，不易生根，但在田间嫁接效果良好。与欧洲种品种嫁按亲和力很强，嫁接苗生长势好，产量高。

（5）3309C 生长势旺盛，抗石灰性中等，不适应干旱、潮湿、排水不良的土壤，但抗根瘤蚜性能优良，易生根，易嫁接。

（6）101～104 抗根瘤蚜能力强，抗根癌病、根结线虫中等，耐湿性好，较耐寒，不适于干旱、排水性好的土壤种植，耐石灰质土壤能力弱，适于在微酸性土壤中生长。生长势中等，扦插发根能力中等，嫁接亲和力好，但有“小脚”现象。嫁接品种表现早熟，着色好，提高浆果品质。

（7）104R 抗根瘤蚜、根线虫能力较强，耐石灰性土壤，抗旱性中等，不耐湿，较耐酸。生长势极旺盛，但插条生根较难，易嫁接，亲和力好。

（8）420A 抗根瘤蚜、石灰性中等，嫁接可促进浆果早成熟，常用于嫁接高品质酿酒葡萄或早熟鲜食葡萄。该品种喜肥沃土壤，不适应干旱条件，生长势弱，扦插生根率为30%～60%。

（9）520A 较抗根瘤蚜、线虫病，抗旱性强，耐湿，生长势较旺，易发副梢，扦插易生根，嫁接亲和力好。

（10）5C 抗根瘤蚜、根结线虫，抗旱，耐寒，耐湿，耐石灰质土襄能力强。扦插生根能力中等，嫁接有明显的“小脚”现象，嫁接的品种表现早熟、着色好、糖度高，有浆果提前成熟的趋势。

（11）99R 抗根瘤蚜，耐石灰质土壤，耐干旱。不耐盐，生长势旺盛，发枝量中等，与多数品种嫁接亲和力良好。但常有推迟品种成熟的现象。

（12）5A 高抗根瘤蚜，抗干旱性强，对石灰质土壤耐性强，根系可抗－8.7℃低温，对根癌病抗性较差。

（13）洛特 抗根瘤蚜能力强，不抗线虫，高抗各种真菌性病害，抗石灰质土壤能力中等，高抗根癌病。对干旱、干热风及淹涝耐受能力较差。砧木扦插容易生根，嫁接亲和力强，室内嫁接成活率较好，田间嫁接萌蘖根很少。

（14）1616C 抗根瘤蚜、根结线虫，抗旱性较强，抗寒，耐湿性强，长势偏弱。嫁接成活率高，亲和性好，有利于品种提早成熟。

（15）196-17 极抗旱，耐盐，尤其是耐酸，不抗根瘤蚜和根结线虫，扦插生根率和田间嫁接成活率高，适于贫瘠、酸性土（pH5.5左右）和干旱地作为砧木。

（16）161-49 抗根瘤蚜，不抗根结线虫和干旱，耐石灰质土壤，扦插不易生根，嫁接亲和力好，适于轻壤和砂质土壤。

（17）河岸二号 对真菌性病害有较强的抗性，高抗根瘤癌。耐高温，耐潮湿，抗旱性较强。生长势强，扦插生根容易，根系发达。根系抗寒性强，可抗－13.4℃的低温。嫁接亲和力强。

（18）贝达 美洲种。抗寒性强，抗盐碱能力差。植株生长旺，适应范围广，枝条扦插成活率高，嫁接品种亲和力好，在我国葡萄生产上已广泛栽培并应用。

（19）华佳8号 抗湿，耐涝，不抗根瘤蚜。生长旺盛，成枝率高，产枝率高，枝条扦插生根率中等，扦插苗根系发达，生长健壮，嫁接成活率高，适于南方地区应用。

（20）抗砧3号 耐盐碱，高抗根瘤蚜和根结线虫，抗寒性强于SO_4，但弱于贝达。适应性广，产条量高，嫁接亲和性良好。

第四章 葡萄育苗技术

一 扦插育苗

葡萄扦插育苗有硬枝扦插和绿枝扦插两种方法，生产上主要采用硬枝扦插繁殖。

1. 硬枝扦插育苗

硬枝扦插育苗是用成熟的一年生枝，剪成2～3芽/段的短插条（也有的用单芽或4～6芽以上），使其生根，长成独立的健壮苗木。这种方法简便易行，成本低，苗木质量好，但需要具备大量的插条来源，繁殖速度较慢。

（1）插条的采集、运输和储藏

1）采集。在落叶至防寒埋土前结合冬季修剪进行。繁殖的材料品种要纯正、枝条成熟健壮、无混杂、无病毒、无其他主要病虫害，在母本园采集最理想。采集的一年生枝，要求生长健壮、节部膨大充实、节间适中、芽眼饱满、枝条表面呈黄褐色至红褐色，符合品种固有色泽，粗度直径为0.6～1.2cm，断面为翠绿色，髓部小，用手弯曲折断时，有清脆的断裂声，表皮丝状剥裂。剪下的插条，当天整理收集起来，剪去不成熟的前端，保留100cm左右的长度，按50～100根一捆，挂上品种标签，待运输。

2）运输。葡萄插条长距离运输时，必须注意包装。常用的方法是每捆包一层塑料薄膜后再装入麻袋封口。短途运输可直接用湿麻袋或塑料薄膜包装。插条运至目的地后，立即取出，按正规的方法进行储藏。

3）储藏。葡萄插条应要求在0～4℃的温度和适宜的湿度下储藏，一般有沟藏和窖藏两种方法。

沟藏简便易行（图4-1a），选地势高、干燥、排水良好的背阴通风处。挖宽1.2m、深1.5m的储藏沟，沟长按所储插条量而定。然后从沟一端开始，沟底填入20cm厚的河沙，将条捆倾斜码入，最后用沙子充满枝条空隙，要求用净河沙，以用手能捏成团，指缝不流水为宜。

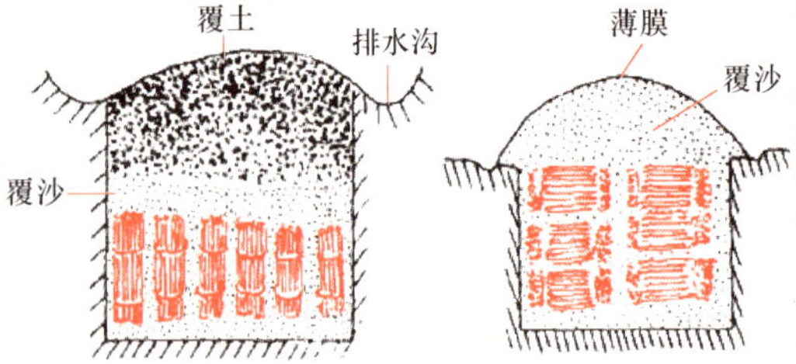

a) 沟藏　　b) 窖藏

图4-1　葡萄插条的储藏

由于初冬土壤和气温仍然较高，为避免储藏前期沟内温度过高，插条上覆盖15cm厚的土壤，以后随气温降低，逐渐增加覆土，直至最后覆土40cm为宜。

第二年开春后，随着气温的逐渐回升，可在储藏沟上遮阴，防止沟内温度过高，外界气温合适时，及时取出插条进行催根处理。

采用窖藏（图4-1b），可根据窖内空间将插条平放一层，覆一层沙，最后插条顶端以覆沙20～30cm为宜，再在沙表面盖塑料薄膜，防止沙子干燥，经常检查沙子湿度，发现过干时，适当喷洒补充水分。

（2）插条的催根处理　春天常因气温上升快、地温上升慢，葡萄插条易萌芽但生根困难，影响插条成活率。葡萄插条生根温度在18℃以上，以25～28℃产生愈伤组织和生根最快，而芽眼在10℃时即可萌发生长。催根方法有电热温床、火炕、冷床和药物浸蘸催根等，现在多用电热温床催根。

1）检查储藏插条的状况。

① 芽的状态。用刀片纵切冬芽，芽鲜绿为好芽，若芽为褐色则为死芽。用于扦插的枝条，好芽率不得低于95%。

② 枝条的鲜度。枝条新剪口的横断面为鲜绿色，含水量充足，说明插条储藏得好，适于扦插，如果呈绿白色，表明枝条失水干燥，需要在促根前充分浸水补充含水量。

③ 枝条表面。表面不能有斑点、霉污点或损伤。

2）插条的剪截。插条剪截成2～3芽、长度20～25cm为宜。顶芽一定要选择饱满的好芽，距顶芽以上2cm左右剪成平茬，下端紧贴节部剪成斜茬。剪好的插条每30～50根捆成一捆，下部墩齐，然后将插条全部浸入清水中浸泡1～2天，使插条吸足水分。

3）催根处理。催根处理是在当地的适宜扦插时期前15～25天进行，一般在葡萄栽植2～3个月之前进行。

① 电热温床催根。采用电热加温线埋入温床内作为热源，温度控制仪自动控制温度（图4-2）。

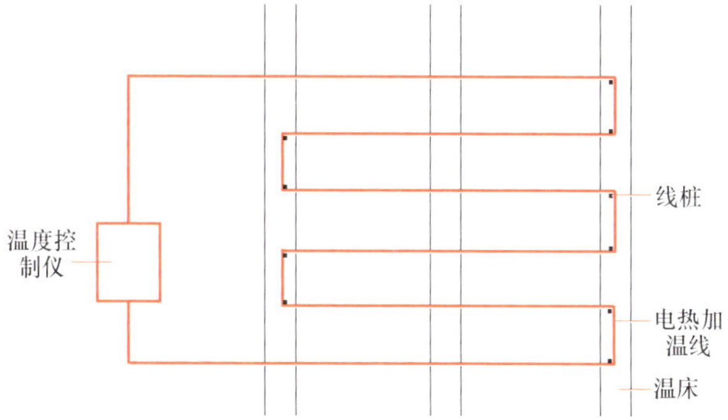

图4-2　电热温床

电热温床选在室外阴凉处、室内、大棚内均可。做深35cm、宽2.2m的催根坑，长度根据插条多少而定，坑底铺10～15cm厚的秸秆或锯末，上面盖一层细沙，压实整平，然后根据温床的面积和电热加温线的长度合理均匀地布设电热加温线。最后在电热加温线上再铺10cm厚的湿沙，即电热温床铺设完毕。

将成捆浸泡的插条，从温床一端开始，生根的下部垂直朝下，紧密地排码在电热温床上。插条之间的缝隙用干燥的沙子填满，仅插条最上端的芽露出为宜，其余部分全部埋入沙中，然后喷水渗透沙子，并在温床中央、边缘各插一支温度计，深度与插条下端相齐。此时即可接通电源。

【提示】 使用电热温床一定要注意安全，一定要使用新的、专用的电热加温线，电源处接漏电开关，操作时小心谨慎，防止触电。

催根期间的管理主要是观察和检控温度和湿度，保持插条下端的温度经常恒定在25～28℃之间。沙子过干时要洒水补充。大约经过12天，插条下部伤口开始出现愈伤组织，20天左右伤口周围长满愈伤组织，并分化出少量不定根，上部芽开始萌动，标志着催根处理完成，然后逐步降温锻炼2～3天，即可扦插。

② 药物催根。对某些不易生根的品种可采用药物催根，常用50～100mg/kg的吲哚丁酸（IBA）浸泡12h或用400～500mg/kg的吲哚丁酸快速浸蘸。用100mg/kg的萘乙酸（NAA）浸泡24h或用300～450mg/kg的萘乙酸快速浸蘸。

浸蘸方法是将剪好的插条30～50根扎成一捆，下端平齐，浸蘸基部1～2cm。一定要注意不能使顶芽着药。

化学药物和上述电热温床催根相配合使用，会获得最佳效果。

（3）扦插 葡萄育苗之前，先要选择好苗圃地。苗圃地要求地势平坦，以背风向阳及土壤疏松肥沃的沙壤土或壤土为宜。可根据地形面积、品种等具体情况划分若干小区，各小区有灌水沟、排水沟和人行道。

在秋季将苗圃地深耕30～40cm，结合翻地施足有机肥和过磷酸钙，灌足冬水，促进肥料分解。早春土壤解冻后，耙地1～2次，做畦。一般葡萄扦插采用起垄扦插，垄向南北，垄距40～50cm，垄高20cm，顶宽30～40cm，选用幅宽90cm的地膜覆盖。

经过4～5天日晒增温，土壤25cm深处温度达到8℃以上时开始扦插。每垄扦插两行，株距10～15cm、行距20cm。用比插条粗的木棍或钢钎插洞，后随即插入一根葡萄插条，插条顶部与地面平齐，并用干燥的细沙填满插洞，并盖住插条顶端。扦插完毕后，及时向沟内浇水，浇水不淹过垄面（图4-3）。

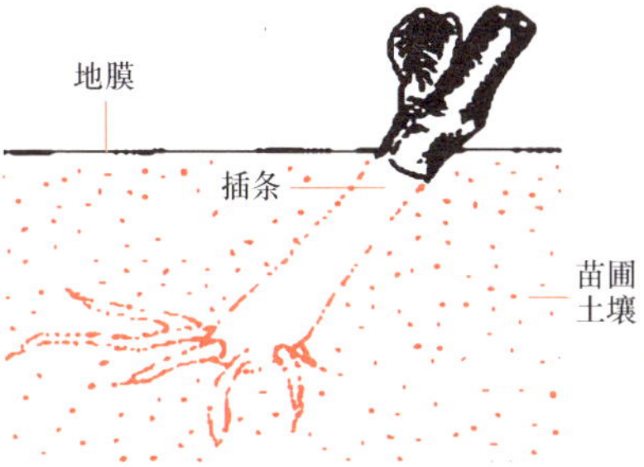

图4-3 葡萄扦插

（4）扦插苗的管理

1）枝蔓管理。葡萄萌芽后，要及时放出膜下的萌芽和叶片，避免烫伤，并用沙或细土封口，随着扦插苗的生长，每株保留一个健壮新梢，并及时控制副梢，在7月上中旬苗高40～50cm时摘心，促进枝条粗壮、芽体饱满和成熟。

2）水分管理。扦插后，根据天气与土壤条件，保持土壤经常湿润，防止土壤过干或过湿。8月中旬以后要控制灌水，使植株及早停止生长，促进枝条成熟良好。

3）施肥管理。在6月中旬～7月上旬，幼苗进入迅速生长期，需要较多的营养物质和水分，所以要加强水肥管理。此时结合灌水，每亩追施1～2次尿素或磷酸二铵，每次10kg。进入生长后期喷施3～4次叶面肥，促进苗木枝芽健壮和成熟，叶面喷肥以磷、钾肥为主。

4）土壤管理。及时除草，减少养分和水分的消耗。尤其在夏季高温、高湿，杂草生长旺盛的情况下，要勤锄草，确保苗木的正常生长。

2. 绿枝扦插

绿枝扦插也叫嫩枝扦插，是在葡萄生长期利用半木质化或木质化的当年新梢进行扦插育苗的一种方法。主要用于稀有名贵品种或引进新品种的加速繁殖。其优点是繁殖材料多，副梢也可利用，一年可进行多次，生长季节中任何时间均可进行。

（1）扦插前的准备工作 绿枝扦插适宜在温室和大棚中进行，水电条件方便时最好安装自动控制的间隔喷雾装置。扦插前深翻土壤 20～30cm，结合深翻施入腐熟有机肥，修整成宽 1.2m 的小畦，覆干净河沙 10cm 左右，浇水。

（2）绿枝的采集和扦插 要求采集的绿枝是较粗壮的、木质化程度高的主梢或副梢。采集前 3～4 天摘心以促进木质化和芽的分化。绿枝采集后及时插入装有清水的水桶中浸泡，然后将绿枝剪成单芽或双芽，长 12cm 左右，上端距顶芽 1.5～2cm，保留叶片 1/6～1/5 的面积，其余部分均剪去。将剪好的插条用 1000mg/kg 的 2 号生根粉（ABP）或 300～400mg/kg 的吲哚丁酸溶液速蘸后，插入湿沙中，深度为 6～8cm，株行距为 5cm×10cm。为了减少绿枝水分的蒸发，扦插最好选在阴天或晴天的傍晚进行。

（3）温度和湿度管理 嫩枝扦插后的管理工作，重点是湿度和光照的调控。扦插后应避免太阳光的直射，在上午盖遮阳网，傍晚或阴天卷起遮阳网。装有自动控制间隔喷水装置的，晴天喷水 10s，停 90s；无喷水装置的用喷雾器早、中、晚各喷一次水，刚扦插后必须保证空气温度达饱和状态，待生根后逐渐降低空气湿度。

绿枝发根最适宜的温度为 23～28℃，温度过高时采用遮帘或喷水的方法降温。绿枝插条一般扦插后 10～12 天开始生根，15～20 天地上部分开始生长，此时需逐渐降低湿度，增强光照。

扦插苗生长至 15cm 以上时，结合浇水，每亩施 5kg 尿素或磷酸二铵，每 15 天喷施 1 次叶面肥。新梢长到 30cm 时摘心，控制副梢，促进枝芽充实健壮和成熟。

二 营养袋育苗

1. 营养袋育苗的优点

营养袋育苗（图 4-4）是在现代温室或塑料大棚内进行的快速育苗技术，具有集约化、工厂化和多快好省的育苗特点。其优点是育苗根系发达，移栽不伤根，不缓苗，成活率高；可利用单芽或双芽扦插，提高苗木繁殖系数；苗木生长期长，管理好第二年大多数植株能结果，因此建园快，早产早收益；育苗集中，管理方便，节约土地和劳动力。

2. 配制育苗基质

营养袋育苗基质常用沙子、壤土、有机肥配制，比例为2∶1∶1，沙以粗河沙为好。壤土要选择含有机质多且熟化的表土，绝对不宜使用盐碱土、老墙土。肥料要用腐熟的牛、羊、马粪为好。几种按比例拌匀过筛后备用。

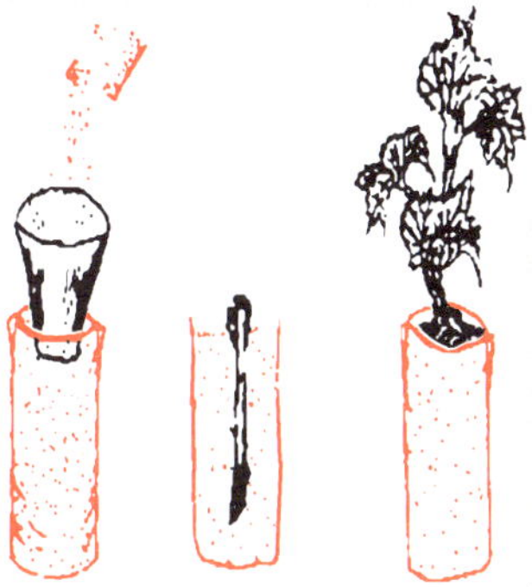

图4-4　营养袋育苗

为了提高育苗的质量，国内外新发明了各种新型的、专用的葡萄育苗基质，主要成分是用有机物粉碎发酵后添加其他辅助成分，内含葡萄插条发芽及生长的各种必需养分，其特点是发根快、根系发达、苗木生长快、苗木质量高，而且基质成型后不散落，移栽成活率高。

3. 制袋、装袋和摆袋

塑料营养袋采用长×宽为10cm×16cm的塑料薄膜制成，做成直径5cm、高10cm的圆筒，袋底中央剪直径约1cm的孔1～3个，以利于排水透气。装袋时用简易漏斗将袋口张开，装满后将基质敦实，使基质土面离袋口约1cm左右。然后将袋紧密整齐地摆在苗床上，摆成1～1.2m的育苗带。

4. 插条处理

插条用电热温床催根，芽段的下端产生愈伤组织后准备进行扦插。

5. 扦插

用比插条粗的木棍或钢钎插洞，之后随即插入1根催好根的葡萄插条，芽眼向阳，扦插深度为5～7cm，并用干燥的细沙填满钎插洞，扦插完毕后，及时浇透水。

6. 扦插后管理

（1）水分管理 保证土壤含水量是营养袋育苗的关键措施之一。生长前期，土壤蒸发量小，每隔 2～3 天洒水一次。后期随着气温的升高，土壤的蒸发量加大，每隔 1 天洒水一次。防止营养袋内湿度过高或过低。

（2）温度 白天棚内温度保持在 20～25℃，夜间土温不低于 15℃。阳光过强时，要进行遮阴，避免阳光直晒灼伤幼苗。

（3）肥料 在幼苗生长发育过程中，根据苗木生长状况，可用 2%尿素或 0.3%磷酸二氢钾进行叶面喷肥，以防幼苗叶片发黄，出现营养缺乏症状。

（4）炼苗 当幼苗新梢长到 15～20cm 时，减少洒水次数，逐步揭棚，增加光照进行幼苗锻炼，5 月上旬以后即可在田间定植。定植时将塑料袋去掉，带土移栽。

三 嫁接育苗

1. 采用嫁接苗的意义

（1）嫁接育苗的定义 是将一个植株上的枝或芽用嫁接技术接到另一植株的枝、干上，嫁接口愈合长成独立的新植株的育苗方式。

用作嫁接的枝和芽称为接穗，承受接穗的下部称为砧木。葡萄栽培中，接穗是选用需要的优良品种的枝或芽，砧木必须依据葡萄栽植环境的要求进行选择。

（2）葡萄嫁接的意义

1）通过抗性强的砧木提高嫁接苗的适应性。选用山葡萄、贝达等抗寒砧木可以提高葡萄的抗寒性。采用 SO_4、3309、5BB 和沙地葡萄等砧木可以增强嫁接苗对根瘤蚜或线虫的抵抗力或免疫力。选用河岸葡萄等砧木，可以增加植株对高温多湿地区土壤的适应性。

【提示】 在西北或者土壤盐碱化严重的地区，禁用“贝达”或者“山葡萄”做砧木，否则会加重葡萄缺素症状。

2）更换新品种及老化葡萄园的改造。可用优良新品种对混杂植株或低产劣质品种进行嫁接改造。

3）提高品种的适应性、浆果品质或者调节品种成熟期。

4）加快优良新品种或扦插难生根品种的繁殖。

2. 田间嫁接

田间嫁接可根据所用的砧木、接穗材料的不同又分为硬枝嫁接、绿枝嫁接等。

（1）硬枝嫁接 所用接穗是成熟健壮的一年生枝，经冬剪时收集、妥善保存在冷凉条件下，避免早萌发，待嫁接时备用。而砧木是苗圃越冬的砧木苗或已定植的拟淘汰的植株。嫁接在春天伤流结束后进行。

1）劈接法。是生产上最常用的方法。砧木粗度与接穗粗度相当（图4-5）。

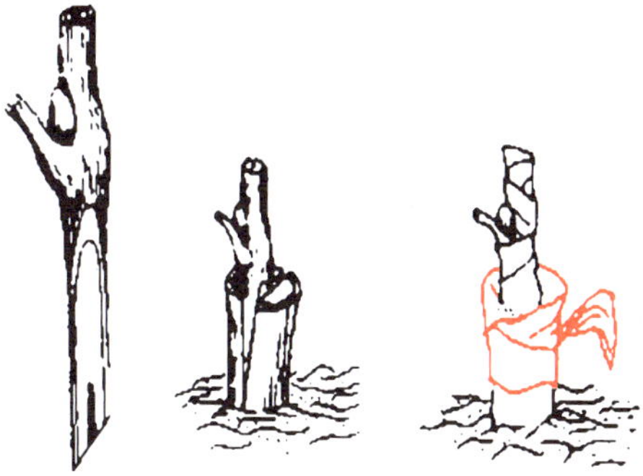

图4-5 劈接法

① 切砧木。砧木从地上10cm处剪截，将断面削平，选平滑顺直的一面，从断面中间垂直劈开，劈口光滑、长度为3.5cm左右，且略长于接穗切面。

② 削接穗。接穗下部两侧各削长3cm左右等长的削面，呈斜楔状，即保持不削的两面一侧稍厚，另一侧稍薄。削面由上而下，由浅入深，平直光滑，不毛茬，不撕皮，要求接穗削面以上留1个芽剪截。

③ 插入接穗。接穗厚面向外、薄面向内插入劈口，注意砧穗二者形成层对准，接穗上部微露伤口2～3mm。

④ 包扎伤口。用塑料条绑缚嫁接口，要求紧实严密，最后再将接穗上部的剪口包扎严密。

2）皮下接（插皮接）。适宜于砧木较粗的情况，嫁接在皮层容易剥离时进行（图4-6）。

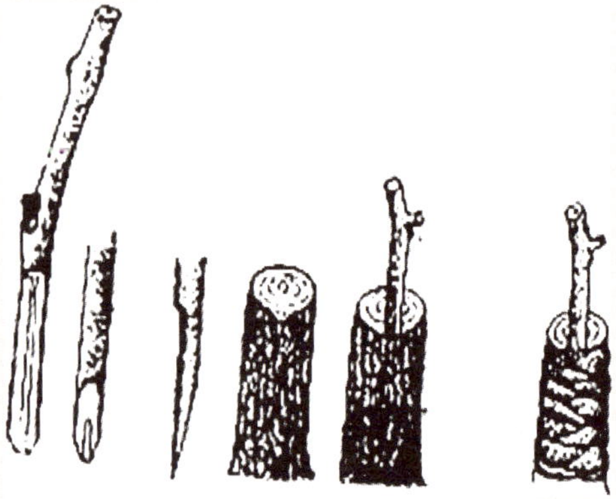

图4-6　皮下接

① 切砧木。砧木在嫁接处剪断，然后选皮层光滑顺直处纵切一刀，伤口长于接穗切面长度。

② 削接穗。接穗从下部一侧削成长3cm以上的长切面，在对面对称地切1cm左右的短切面。均要求一刀削成。切面以上留1个芽剪截。

③ 插入接穗。撬开皮层，将接穗长切面向内、短切面向外，缓缓沿伤口插入，上部伤口微露2～3mm。

④ 包扎伤口。用塑料条绑缚嫁接口，要求紧实严密，最后再将接穗上部的剪口包扎严密。

3）切接法。砧木粗大时用此接法（图4-7）。

① 切砧木。砧木从嫁接处切断，削平。选砧木顺直处，在粗度的1/4～1/3处垂直切下，切口略长于接穗切面。

② 削接穗。接穗下部两侧各削长2～3cm等长的削面，呈斜楔状，即保持不削的两面一侧稍厚，另一侧稍薄。削面由上而下，由浅入深，平直光滑，不毛茬，不撕皮，要求接穗削面以上留1个芽剪截。

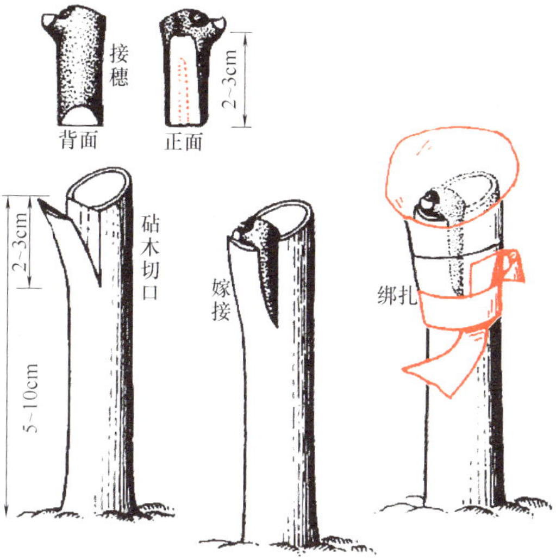

图 4-7　切接法

③ 插入接穗。将接穗插入切口，对齐形成层，微露白。

④ 包扎伤口。用塑料条绑缚嫁接口，要求紧实严密，最后再将接穗上部的剪口包扎严密。

（2）绿枝嫁接

1）砧木的选择。利用前一年培育的葡萄砧木，冬季修剪时平茬，在春季萌芽生长后，仅留 1 个新梢，嫁接前摘心，除去所有副梢，促进砧木及早木质化。

2）接穗的采集。从健壮的优质新品种植株上选择生长充实，已达到半木质化的新梢，嫁接前一周摘心，除去副梢。

剪取与砧木粗细相宜的新梢，掐去叶片，留下长 1 ~ 2cm 的叶柄，插入清水中。绿枝接穗最好当地采集，边采边用。如果长途运输接穗，用湿锯末或水草充当填充物，塑料袋包装。少量的接穗可装入保湿瓶内带走，如大量运送接穗时，最好在 2 ~ 5℃下恒温运输。

3）嫁接时间。绿枝嫁接的最佳时期是 6 月中旬，即新梢半木质化时。过早接穗太嫩，成活率低；过晚萌发的新梢生长时间短，枝条不充实，不易越冬。嫁接选择阴天或晴天午后较好。

4）嫁接方法。绿枝嫁接一般用劈接法及芽接法（图4-8）。

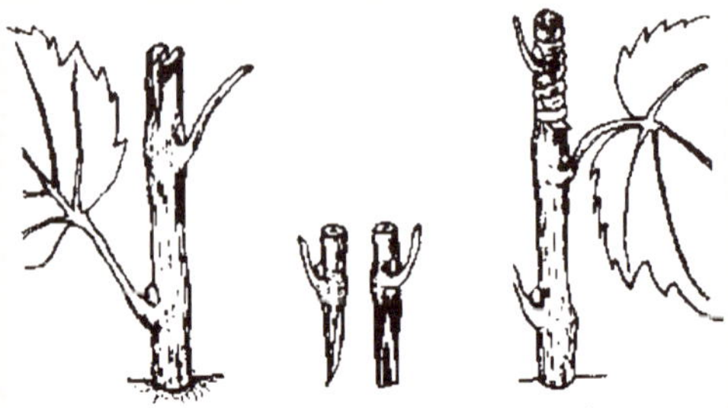

图4-8　绿枝嫁接法

绿枝劈接法的基本操作方法与硬枝劈接法相似。嫁接时将砧木新梢从10~15cm处剪断，剪口离最上芽4~5cm，从枝条中间劈至节上，切口长3cm左右，保留砧木上叶片。

接穗留1个优质芽，距芽眼1~1.5cm平剪，下端留4~6cm，从芽下两侧各削长约3cm的两个等长的斜面，切面要求光滑，一刀削成，呈斜楔形。然后将接穗轻轻插入砧木切口，砧穗二者形成层互相对准。最后用1cm宽的塑料条由上向下绑扎，注意松紧适度，仅露出芽和叶柄，其余部分缠严，并取一片大叶折叠对接穗遮阴。一周后检查，叶柄脱落即示成活，否则按上述方法及时补接。

5）绿枝嫁接后的管理。嫁接后保持土壤湿润，一周后再浇水一次。接芽新梢生长至15~20cm时结合浇水每亩追施15~20kg的尿素，此后用0.3%~0.4%磷酸二氢钾连续喷施3~4次。

新梢长至80~120cm时摘心，严格控制副梢生长，及时抹除萌蘖。生长后期将砧木老叶摘去，并经常检查绑扎部位，防止绞缢现象发生。

3. 室内嫁接

葡萄室内嫁接就是利用不带根的砧木及其他繁殖材料，经嫁接后，置于一定的温、湿度环境下，促进产生愈伤组织，再栽植在苗圃，培育成嫁接苗。带根砧木嫁接后可直接在苗圃栽植。

(1) 砧木和接穗的准备 嫁接时将接穗和砧木从储藏处取出，在15～18℃的清水中浸泡48h。然后将砧木剪成2～3个芽眼的节段，在顶芽以上留3～4cm，下部紧靠芽眼斜剪。抠去所有的芽，防止砧木长出萌蘖或枝条，按粗细不同分级。

接穗剪成单芽，芽上留2cm平剪，芽下留4～5cm剪截。然后同样按粗细分级。砧木和接穗粗细基本一致，能提高成活率。

1）劈接法。其方法与硬枝嫁接法相同。

2）舌接法。在砧木上端和接穗下端各削2～3cm的等长切面，然后在两者切面上部1/3处与枝条近平行地切一刀，深约2.5cm以上，将接穗与砧木轻轻插在一起，绑缚（图4-9）。

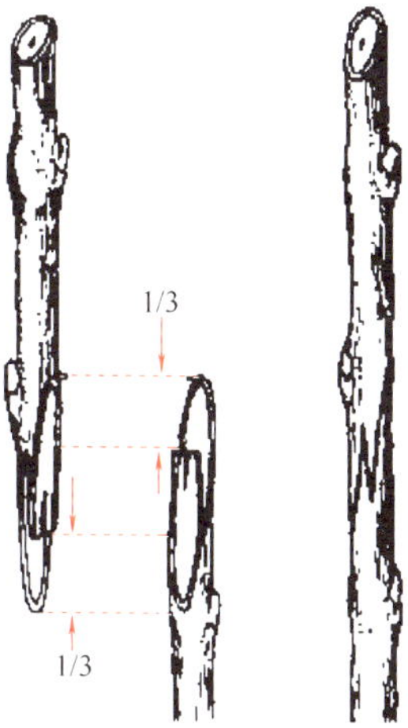

图4-9 舌接法

3）机器嫁接法。为了提高生产率，目前国内外普遍使用机器嫁接法。在室内使用电动刀具或手动刀具在接穗下端和砧木上端削成可以吻合的切口，切口随刀具的不同而呈现山形、Ω形或V形，然后将两者紧密嵌入，吻合在一起并绑缚或用石蜡固定嫁接口。

(2) 嫁接后的愈合和催根处理 为了提高嫁接成活率，一般在嫁接后立即用湿锯末或湿沙覆盖，在扦插前20天左右用电热温床促进伤口愈合和生根，催根12～15天，芽段的下端产生愈伤组织后准备进行扦插。

(3) 苗圃栽植 苗圃土地的准备、扦插和管理与硬枝扦插相同。

四 压条育苗

压条育苗是在葡萄园的母株行间进行，易操作，管理方便，除培土外，其他田间管理如施肥、灌水等均可与母株管理结合进行，不另占土地面积，可以节约土地，提高土地利用率，而且能够提高繁殖系数2~4倍。对名贵品种和稀有品种均可采用此法。压条苗营养来源不仅有母株供给，自身也吸收和制造养分，因此生长速度快、苗木粗壮、根系发达、成苗率高。还可补充田间缺株，不用移栽，省工省力，近年来葡萄压条育苗被广泛应用。

1. 简单压条法

简单压条法也叫一年生枝蔓压条法。一般是成年葡萄园采用的一种补缺株的压条方法。在缺株处，若定植幼苗，由于周围植株的遮光、争水和争肥，幼苗生长受到抑制，很难长成大树，所以采用此法来补缺植株。

西北地区由于葡萄要埋土防寒过冬，一般冬季修剪时选留相邻植株上一个长势旺盛的一年生枝，第二年春季芽眼萌动前，在缺株处挖深30~40cm的坑，将其握成弓形，压入坑内，枝条顶端1~2个芽眼露出地面，将坑埋平，同时把枝条用铁丝扭紧（起环剥作用）。随着压入枝条的增粗生长，铁丝将限制压条植株的光合产物向母株运输，却不影响母株向压条植株供应水分和营养物质。枝条地上部用木杆支撑，及时摘心，严格控制副梢生长，以促使芽眼饱满，枝条充实。

一般压条植株前1~2年不留果，第三年后就可正常结果，这时将压条植株剪断与母株分离。

2. 连续压条法

连续压条法一般采用母株基部健壮的一年生萌枝或多余主蔓，当新梢长到50cm以上时，顺着萌蘖枝的方向，挖深宽各为20cm的长沟，沟底适量地施入有机肥，与土拌匀，然后将枝蔓压入沟中，每隔一定距离用木杈或铁丝固定，覆一层5~10cm的薄土，随着新梢的生长，逐渐加厚覆土。新梢用木杆或其他材料固定，及时摘心，严格控制副梢生长，以促进其直立生长，加速成熟。采用这种办法每芽都可长出新梢和根系。秋季落叶后挖出剪断，可繁殖出许多单株苗木（图4-10）。

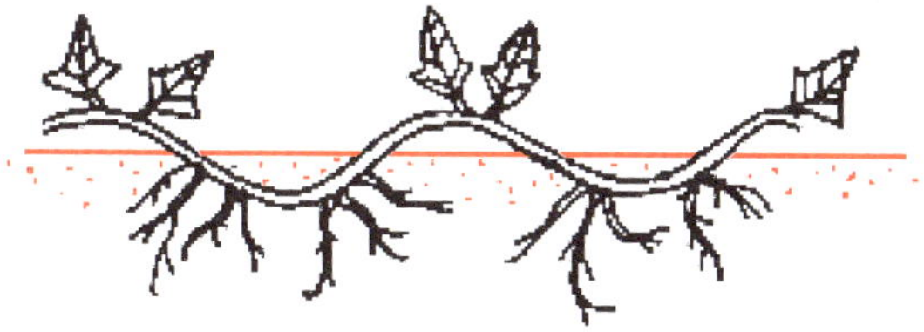

图 4-10　连续压条法

五 苗木出圃与分级

苗木出圃是育苗的最后环节。苗木质量的好坏直接影响葡萄栽植后的生长发育，因此必须严格分级和合理地储藏苗木。

1. 挖苗

在秋季落叶前后进行。挖苗前必须浇足水，挖苗范围要大，适当深挖，注意尽量减少伤大根，保留的须根要多。挖出的苗木应及时浅埋，避免根系暴露时间过长，减少风吹日晒和水分的散失。

2. 分级

苗木挖出后，在田间集中修剪整理，一般地上部分的新梢留 3 ~ 5 个芽，长度为 15 ~ 20cm，粗根长度为 20 ~ 25cm，伤口要剪平，以利于愈合。过于细弱或成熟不良的苗木不能出圃或经第二年培育后再出圃。葡萄苗木的分级虽然没有统一的标准，但各葡萄产区都有具体的规定。

（1）一年生自根苗的分级标准

1）一级苗。直径 0.3cm 以上的侧根不少于 6 条，长度在 20cm 以上，地上部有 6 ~ 8 节饱满芽，成熟新梢在 40cm 以上，距根颈 10cm 处的新梢直径在 0.6cm 以上。

2）二级苗。直径 0.2cm 以上的侧根不少于 6 条，长度在 15 ~ 20cm，地上部有 4 ~ 5 节饱满芽，成熟新梢在 30 ~ 35cm，距根颈 10cm 处的新梢直径为 0.4 ~ 0.5cm。

3）三级苗。直径 0.15 ~ 0.2cm 的侧根不少于 3 条，长度在 10 ~ 15cm，成熟新梢在 20cm 以上，距根颈 10cm 处的新梢直径为 0.4cm 左右。

（2）其他苗木的要求　嫁接苗要求接口全面愈合，无大小脚症状。试管苗根系发达，但地上部比较细，所以对地上部粗度要求应适当降低。

一般一、二级苗可当年出圃。三级及等外苗应下一年培养后出圃。苗木分级后，一般每20株捆成一捆，挂上标签，注明品种、砧木种类及等级和数量，即可销售或储藏。

3. 储藏

葡萄苗木的储藏与插条的储藏相同，可用沟藏，也可用窖藏。及时用干净湿沙埋藏，深度与温度适宜，既要防止苗木失水受冻，又要防止温度过高发霉，影响苗木的生活力。

第五章
鲜食葡萄露天栽培技术

第一节　建园技术

一　园地选择

葡萄喜光，同时喜欢较高的气温和较大的昼夜温差，以及一定的土壤条件，所以建园前要慎重地考虑并选择适宜的气候条件、土壤、地形、地势和坡度坡向等。最适宜的土壤为有机质含量高、富含钾和钙的沙壤土和壤土，地下水位不高。沙漠、荒漠边缘地区，由于降雨少、空气干燥，日照时数长，阳光充足，昼夜温差大，土质疏松，是栽植酿酒和鲜食葡萄的优质栽培区，最利于浆果的糖分积累、着色、成熟和品质的提高。

不适宜葡萄生长的土壤，必须进行土壤改良。选择园地时，还要有灌溉水源，距公路主要交通干线近，交通方便，便于生产资料和产品的运输。

二　园地规划

对已确定的园地要因地制宜，统筹安排，立足长远，做好园地规划。园地规划前，全面进行地形勘测，绘制地形图和土壤图，制定出葡萄园规划方案，使新建葡萄园符合实用、经济、高效和美观的要求。

规划的主要内容有栽植小区的划分、设计、道路、灌排系统、建筑物、防护林及品种搭配、株行距、架式和整枝方式等。

（1）栽植小区的划分 栽植小区的大小，应根据地形、面积、管理等情况具体确定。在平地建园，面积大，集中连片时，小区面积应大些，应分成宽50m左右的条田，每隔两条田之间留出一条生产路，以便于行间作业和运输。地形复杂、面积小的葡萄园划分的小区应小些，以4~6亩为宜。小区宜呈长方形，长边与主风方向垂直。山地小区沿水平等高走向安排。

（2）道路、建筑物 道路设置既要利于运输，又要节约土地，大型葡萄园设主干道，宽8m，横向贯穿全园，与外界公路相连；2~3个小区之间设宽6m的支道与环园边道相通；小区之间设宽3m的工作道。农村农户独立分散的葡萄园，不必设较宽的道路，有自然便道即可。

葡萄园建筑物有办公室、宿舍、库房、选果场地等，占葡萄园总面积的3%~5%。

（3）灌排系统 计划采用喷灌、滴灌或渗灌等先进的灌溉方式，应按这些灌溉方法的特点进行设计。采用地表灌溉的大型葡萄园，按干、支、斗、毛渠系统选择适宜的配套设计灌水渠系。总之，以省地、省水的经济节省为原则。采用地表灌溉的葡萄园应设计好排水系统，有灌有排，才能旱涝保收。

（4）防护林带 多风地区，建园必须先营造防护林带，以降低风速、稳定气流，保证葡萄不遭大风危害。防风林还有固沙、减轻霜冻、改善小气候的作用。

大型葡萄园由主林带和副林带组成防护林网，主林带之间相距300~500m，与主风方向垂直。主林带通常由4~6行树组成，乔灌结合，以层脊式透风结构防护效果好。

防风林宜选生长快、树冠大、枝叶繁茂、能互相密接的、适应当地自然条件的树种，同时为自身经济价值高、与葡萄无共同病虫害或相克的树种。多风干燥和冻害频繁地区，适宜的乔木树种有二白杨、小叶杨、毛白杨、加杨、旱柳、白腊等，灌木树种有紫穗槐、刺玫瑰、箕柳、柽柳、沙枣、山杏、杜梨、海棠等。

三 品种选择与搭配

建立新葡萄园，应根据品种的生物学特性和经营利用方向相结合来选择品种，在适宜当地自然气候和土壤条件的范围内，尽可能选用优质、高产和抗逆性强、深受市场欢迎的品种。使生产获得较高的利润。

生产鲜食葡萄的葡萄园，应掌握鲜果淡、旺季及特需时期，选择成熟期相当的品种，既供应了淡季，又能提高利润率。在日均温大于10℃，有效积温在3000℃以上的地区，可选择中晚熟和晚熟、大粒、耐储运的品种。雌性花品种要注意配置具有完全花的授粉品种。

四 栽植方式、密度

气候、土壤、肥水条件、品种、架式、整枝形式和管理方法等影响葡萄栽植密度。一般的情况下，不需要埋土防寒时，鲜食葡萄篱架栽培时，适宜行距是1.5～2m，株距为1～1.5m；棚架栽培时，行距为4～4.5m，株距为1.5～2m。在埋土防寒区，鲜食葡萄篱架栽培的适宜行距是3～3.5m，株距为0.8～1.5m。

第二节 葡萄定植与管理

一 定植

1. 定植时间

从葡萄苗木落叶后到第二年春季萌芽前，只要气温和土壤条件合适都可以进行栽植。在冬季温暖地区，一般在9～10月栽植，这种定植方式的葡萄苗成活率高，早结果、早丰产。

在冬季寒冷的北方和西北地区，葡萄宜在春天土壤解冻后栽植，时间不可过晚，注意保温和防止干旱以保证成活率，原则上土壤温度高于10℃时开始定植。用营养袋苗栽植时，栽植时间适当晚一些。

2. 开沟和施肥

为了葡萄早结果、早丰产，必须进行沟栽。大面积建园按规划设计的栽植行，利用机械开沟，深为0.8m，宽为0.8m；栽植沟内每亩施牛、羊粪等有机肥10～15m^3，过磷酸钙50kg，尿素25kg，若有条件，亩施饼肥200kg，上述肥料与挖出来的土一并混合均匀后回填入沟内，灌水沉实，整理定植沟，然后挖定植穴，准备定植苗木。

小面积建园，用人工开沟法，种植沟的深度为0.6m，宽为0.8m，其他方法相同。

3. 栽苗、覆膜

在整理好的定植沟内，按规划的株、行距挖定植穴。定植穴宽为20cm，深为30cm。

（1）一年生苗定植 将准备好的苗木浸泡1天，然后对根系进行修剪，剪去过长、过细的根系，根系的长度以20～25cm为宜。将25mg/kg的萘乙酸溶解，放入黏土做成泥浆，葡萄苗根部蘸泥浆后栽入穴内，边埋土边将苗木稍向上提，使根系舒展，根茎与地面相平时踏实，栽植的深度以根颈部与地表相平为准。

苗木定植后及时灌水，然后覆膜。覆膜时对留芽过多的苗木剪截，一般留3～5个芽即可。覆膜后将苗木枝芽及时放出膜外并用湿土围盖住芽眼，随着温度的升高，萌发的芽即从覆土中自然顶出。

（2）营养袋苗定植 营养袋苗定植前的准备工作与上述的定植法基本相同。晚霜过后，夜晚平均气温大于10℃以后，将营养袋苗栽植在定植沟内即可。

4. 葡萄支架

（1）立柱 材料可用水泥柱、竹竿、木桩、镀锌铁柱、镀锌管等材料。竹木材做立柱时，埋入地下部分用沥青处理后埋入，以延长使用时间。立柱总长2.5～2.6m，直径12～15cm，立柱下端埋入土内50～60cm。采用篱架栽植的，在栽植行中每隔4～7m立1根立柱。

（2）横丝 用6号钢丝或用8～10号铁丝作为横丝。

二 树体管理

1. 架式

葡萄是藤本攀缘植物，枝条生长迅速，在温度和土壤湿度适宜时，新梢不加处理，主梢生长量可达3～8m，并不断生长副梢。因此，单位架面积内能容纳的新梢数量、新梢的长度，必须有利于通风透光和最大限度地利用阳光，以获得高产优质浆果，同时又便于各项管理措施的实施和降低生产成本。因此，葡萄栽培必须根据自然条件、栽培水平和目的，以及品种特性等选用不同的架式。

目前，葡萄栽培的架式种类较多，常用的有篱架、小棚架、大棚架及几种改良变异类型。

（1）篱架 篱架架面与地面垂直，似篱笆，故称篱架。篱架的高度一般控制在1.8～2.1m。篱架有单篱架、双篱架和宽顶篱架等多种形式。

1）篱架的优点。适于密植建园，能早期丰产；立壁两面受光，通光透光良好。营养面积大，留条多，产量高；浆果着色好，品质好；土壤管理、病虫害防治、修剪、采收等作业方便，也有利于机械化操作；适合大面积建园和规模化生产。

2）篱架的缺点。植株垂直极性表现强，易使结果部位上移，对于生长旺盛、结实部位高的品种，常不能满足生长的需要。

（2）棚架 棚架即在前后立柱上设横梁或拉上铁丝，横梁之间按一定距离拉铁丝形成架面，形似荫棚，故称棚架。分小棚架和大棚架两种。大、小棚架的区别主要是架的高度和长度不同，大棚架高度一般在1.8～2.5m，架长；小棚架高度在1.8～2.2m，架短。

1）棚架的优点。架面大，负载量大，能充分利用各种地形，棚架架面较高，浆果和枝叶与地面有一定距离，通风透光好，病虫害少；棚架适宜长势旺的品种。

2）棚架的缺点。由于架面大，架材成本高，同时整形时间长，不易早期丰产。另外，棚架的各项管理（整形、修剪、采收、病虫害防治等）不如篱架方便。

（3）棚篱架 棚篱架是棚架和篱架的结合。即同一架上兼有棚架、篱架两种架面，两者都能容纳一定比例的枝蔓。经济利用土地和空间，达到立体结果的效果。葡萄栽植后3～5年内，先采用篱架，以后再发展成棚篱架。这种架式虽集中了棚架和篱架的优点，但仍要注意架面的光照和通风条件，并控制好枝蔓的生长和分布，才能收到较好的效果。

（4）“V”字形架 “V”字形架是一种改良的篱架，也叫宽顶篱架。即每个立柱上加两根横杆，顶端横杆长，为1～1.2m；距顶端横杆0.5～0.7m处加一短横杆，长为0.6～0.7m，形成“干”字形。在立柱下端，距地面0.6m处拉一道铁丝，再在两个横杆的两头各加一根铁丝即成架面，分别将枝蔓均匀朝两边分开，形成“V”字架形。

这种架式的优点是增加了篱架结果架面，通风透光好；在充足的水肥条件下，能最大限度地提高单产和浆果的品质。与单篱架相比，可增产30%以上，适合大面积酿酒葡萄栽培。

2. 整形的依据

葡萄整形修剪中，架式、株形和修剪三者相互联系、相互适应、相互协调，才能获得良好的栽培效果。整形是通过冬剪和夏剪完成的，在整形时，应考虑以下几个原则。

（1）葡萄生长发育的变化规律 整形要充分考虑品种特性，如生长势旺的品种应采用负载量较大的整形方式；生长势弱的品种则相反。

1）成形和初结果阶段。这个阶段以整形为主，结果为辅。篱架整形3年即可完成，小棚架和大棚架则需要4~6年。这一阶段主要是利用骨干枝蔓的极性生长，促进加粗生长；结果枝蔓采用摘心引绑的方法调节生长，利用副梢加速成形。

2）结果阶段。成形阶段完成后，整个架面布满枝条，葡萄即进入结果盛期。这一阶段中，仅采用少量的枝蔓更新，调整好结果与生长的关系。

3）结果更新阶段。该阶段是葡萄一生中较长的高产、稳产阶段。这一阶段有计划地对主蔓、侧蔓进行更新复壮，保持长时期的稳产、高产和优质生产。

（2）当地自然条件 冬季需要埋土防寒的地区，可采用无主干形的多主蔓整枝，以便防寒或枝蔓更新。冬季不需要埋土防寒的地区，特别是高温多湿地区，用有主干的树形。

3. 整形

（1）葡萄的树形分类

1）无主干形。自地表的根际处分生几个主蔓，无独立的主干。无主干形使根系与地上距离缩短，养分、水分输送较快，主蔓生长旺盛，能早年丰产；主蔓衰老时利用根部萌发枝随时更新复壮，树体不易衰老。无主干形适合干旱、少雨和寒冷地区采用，而高温、潮湿地区易滋生病害，一般不宜采用。

2）有主干形。即地面以上有明显的一定高度的独立主干，在主干上分生主蔓（图5-1）。

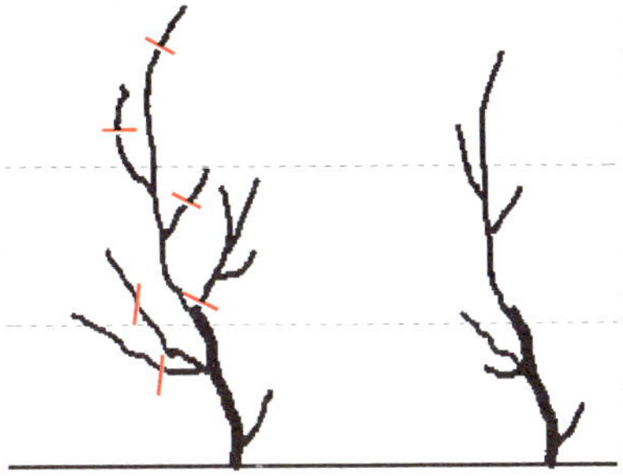
图5-1 有主干形

（2）整形方法

1）篱架整形。篱架整形多采用扇形整形。这种树形对架面利用比较合理，容易更新枝蔓，产量较高，但管理不当，容易使架面密闭，通风透光不良。扇形整枝按主蔓多少分小扇形（2主蔓）、中扇形（3主蔓）和多蔓扇形（3~4主蔓以上），也有的用半扇形整枝。小扇形整形过程如下：

【第一年】 苗木定植萌芽后，选基部健壮新梢3个，作为主蔓培养。当新梢长40cm左右时摘心，促进新梢粗壮充实。摘心后，顶端副梢生长到15~20cm时再摘心，对其余副梢仅留2~3片叶反复摘心，使主蔓充分成熟、木质化，使冬芽饱满。当年冬剪时，节间较长的品种留3~5个芽剪截；节间较短的品种留6~8个芽剪截。

【第二年】 萌芽生长后，每个主蔓上选留2~3个粗壮且部位适当的新梢，其余新梢和萌芽全部抹除。当选留新梢生长到30~40cm时第一次摘心，其后根据新梢生长情况对主梢进行第二次摘心；摘心后萌发的副梢仅留顶端一个，长至20~30cm时摘心，其余副梢仍然留2~3片叶反复摘心，以促使芽眼分化和形成花芽。冬剪时按品种结果习性和修剪要求进行修剪。

【第三年】 植株萌芽后，二年生主蔓上的结果母枝长出的结果枝，每个结果母枝上选留1~3个结果枝，继续选留上部结果部位，培养结果母枝，树体基本完成整形。当年和以后每年冬剪时按品种特性，进行单枝或双枝更新修剪，控制好结果部位即可。

中扇形、多主蔓扇形的整形与小扇形相似，只是第一年多选留主蔓。

2）棚架整形。适用鲜食和长势强的品种，土壤和水肥条件优越的园地也常用棚架整形（图 5-2）。棚架整形最常用的是龙干形，也多用主蔓扇形或杯状形等。龙干形按龙干的多少分为独龙干形（一条龙）、双龙干形（两条龙）和多龙干形（三条龙及以上）几种。无论是一条龙、两条龙或多条龙，都要注意龙干在架面上的分布，使龙干与龙干之间保持合理的间距。独龙干整形过程如下：

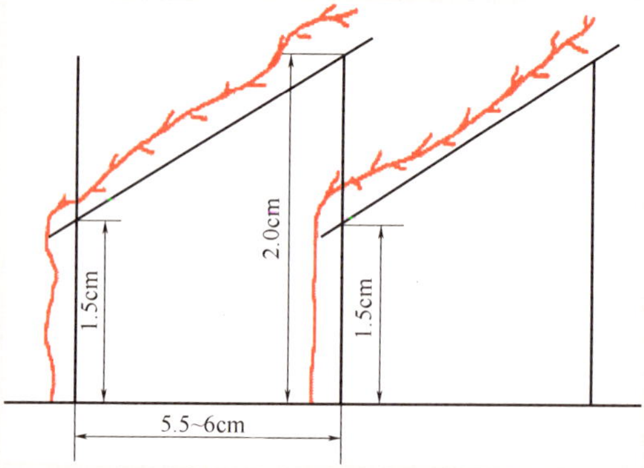

图 5-2　葡萄棚架结构

【第一年】　苗木定植萌芽后，选健壮新梢 1 个，作为主蔓培养。夏季对新梢摘心，促进其增粗和成熟。冬剪时将一年生枝留 1～2 个芽短截。

【第二年】　培养龙干，选留一个位置适当的健壮新梢，将其引缚向上生长，并除去其余新梢。此主梢即未来的龙干，长达 1.5m 以上时进行摘心，其基部 30cm 以内的副梢全部除去，上部副梢留 2～3 片叶摘心，所有二次副梢均留 1～2 片叶摘心。冬季修剪时，以主梢剪口下枝条粗度保持 1.2cm 左右为宜，一般截留长度为 1.2～1.5m。

【第三年】　开始结果，龙干延伸，冬剪时留的长枝即是良好的结果母枝，于第三年结果，使其边结果边生长，也使龙干继续延伸。

夏剪时做好新梢摘心和选留，处理好副梢。冬剪时，顶端延长枝仍长留，以使龙干在棚面上继续延伸外，其余侧生的一年生枝一律剪留2~3个芽。这些短枝就是龙爪的雏形。

【第四年】 龙干继续延伸，形成结果母枝组。第四年植株产量显著增加，因除了龙干前端的长结果母枝外，又增加了许多侧生短枝。冬剪时，所有从短梢结果母枝上长出的成熟一年生枝，再留2~3个芽的短枝，龙干先端的一年生枝仍长留。这样经第四、五年，龙干整形基本完成，植株即进入盛果期。

以上是独龙干整形过程，其他双龙干形和多龙干形，每个龙干的整形与独龙干相同。培养龙干时，为了埋土、出土方便，龙干应由地面倾斜分出，特别是基部30cm左右的一段与地面夹角小于45°，这样可减少龙干基部折断的危险，龙干基部的倾斜方向也应与埋土方向一致。

4. 葡萄的夏季修剪

夏季修剪的目的是调节生长结果关系，促使新梢生长充实、健壮，提高产量和品质，为下一年丰产打基础。夏季修剪的主要任务是去除无用的萌芽或幼梢，控制新梢的生长，改善通风透光条件，节约养分，促进产量与品质的形成。由于葡萄的新枝生长量大，副梢萌发力强，因此，夏季修剪费工费时，生长季内要多次进行。

(1) 除萌、抹芽、定梢 除萌是除去植株根际周围萌发的枝条，随有随除，节省养分。

抹芽是掰除枝蔓上萌发的多余芽子。抹芽在大部分芽眼萌发后进行，先抹除弱芽、畸形芽，位置不当的杈口芽、老蔓上萌发的无用隐芽及同一芽眼中发出的副芽。但花序少、负载量不足时，要适当留带花序的芽。

定梢是在新梢长至10~15cm时，能完全辨清结果枝和发育枝时进行，按植株负载量和产量要求最后确定去留。大约每15cm隔留一个新梢，以分布均匀为宜。其中绝大部分是结果枝（85%以上），少数是用于整形或母枝更新的发育枝。结果枝过多，可除去弱小的结果枝；结果枝数量不足时，即使位置不当或双芽结果枝也尽量保留，以保证当年产量。

（2）主梢摘心和副梢处理 摘心就是把新梢幼嫩的尖端掐去。开花前一周对主梢摘心，其作用是抑制主梢延长生长，使叶片制造的养分向花序输送，提高坐果率，也改善通风透光条件（图5-3）。

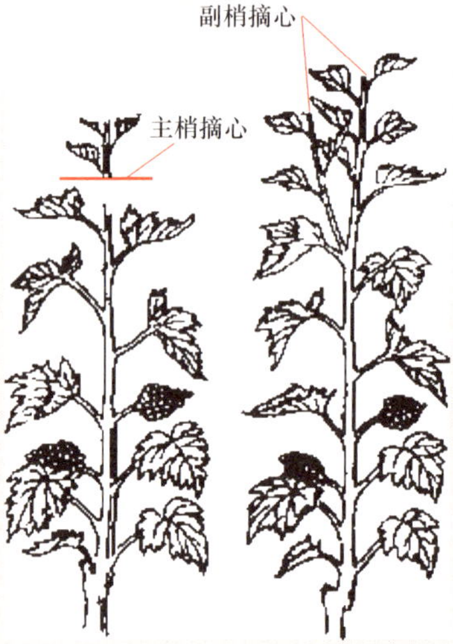

图5-3 葡萄摘心

主梢摘心后，副梢生长更旺。必须对副梢进行处理，因为副梢生长要消耗大量营养，造成架面遮阴，影响植株花芽分化、坐果和浆果发育；不仅造成当年产量低、品质差，还影响次年的产量和品质。目前，生产中对副梢的处理方法主要有以下几种。

1）主梢摘心后，留顶端2个副梢继续生长，其余副梢从基部全部抹除。这种处理，简便省工、植株坐果率高、果穗紧密，但果粒较少、成熟晚。在无霜期短的地区或晚熟品种不宜采用。

2）主梢在果穗以上8～10片叶处摘心，果穗以下的副梢从基部全部抹除，果穗以上的副梢留1～2片叶摘心，仅留顶端一个副梢延伸20～30cm后摘心。以后对再次萌发的副梢按此处理方法反复摘心。这种处理方法使树体健壮，果粒增大快，并能提早成熟，也有利于主梢上花芽分化，对提高产量和品质均有良好作用。缺点是修剪用工量大，管理不当时，易引起枝叶郁密。

（3）花序和果穗处理 为了提高坐果率，使果穗整齐、紧密，增大果粒，要对花序和果穗进行处理。在花前5～7天掐去花序的1/5～1/4，并除去副穗。水肥条件差、枝蔓长势弱、新梢负载量过大、果枝过多的植株，或落花落果严重品种可适当除去部分花序。

理顺缠绕在铁丝或枝杈上的花序或果穗，使其自然下垂，用叶遮蔽，避免直接暴露在阳光下引起日灼。

（4）枝蔓引绑、去卷须和摘叶

1）葡萄枝蔓的引绑。有水平、垂直和倾斜几种方式。水平引绑能抑制极性生长，增加芽眼萌发率，防止徒长，有利于基部芽眼的充实。垂直引绑促进极性生长，新梢生长迅速，适用于延长枝或弱枝。结果枝或营养枝一般要倾斜引绑，以调节、平衡生长与结果。枝蔓引绑时，应注意防止新梢与铁丝接触摩擦受伤，要松紧合适，不妨碍新梢加粗生长，但铁丝上的扣要拉紧，以防扣松脱落，常用的绑扣呈“∞”形。

2）去卷须。人工栽培条件下卷须是消耗器官，在夏剪过程中，应随时摘除卷须。

3）摘叶。在浆果采收前15～20天，适量摘除果穗附近的老龄叶片，有助于改善通风透光条件，促进着色，减轻病害，提高产量与品质。摘叶过早易发生日灼。在多雨潮湿地区、着色的品种应适当多摘叶；干旱、阳光强烈的地区少摘叶。摘叶只是摘除遮挡果穗阳光的老叶，严禁摘光底部老叶。

5. 葡萄的冬季修剪

（1）冬剪的目的 时期是在葡萄自然脱落后1～3周至埋土防寒前。

1）对幼树通过修剪可以培养和维持良好的株形，使树形符合要求，枝蔓分布合理，提早成形，达到早期丰产；对盛果期植株，应用修剪维持已成的树形。

2）通过修剪不断调节植株的生长与结果的关系，使其经常处于良好的平衡状态。同时剪除病虫残枝，及时更新复壮枝蔓等。

（2）结果母枝的选留 无论葡萄幼树或盛果期植株，冬剪时不但要按照整形要求培养和保持株形结构处，还要选留足够数量的优良结果母枝以保证产量与品质。

1）选健壮、成熟、芽体饱满的一年生枝作为结果母枝。一般健壮的母枝，直径在0.8～1.2cm，外表呈均匀的褐色，枝条硬挺，芽体饱满、髓心小、横隔坚韧。

2）优良的一年生枝通常着生在二年生枝上。生长过旺、过粗的徒长枝，从多年生枝上长出的隐芽枝不宜作为结果母枝。

3）受光良好的一年生枝萌芽结实能力强，这种枝条多分布在架面上部和外围，应多选用，但要防止这些部位留枝过多，加剧植株上强下弱。

4）生长健壮、成熟良好的副梢，必要时也可留作结果母枝。而细弱的一年生枝不宜作为母枝，也不宜作为替换短枝，修剪时应疏去，或留1~2个芽重新培养壮枝。

（3）修剪量 在良好栽培条件下，鲜食葡萄一般亩产1500~2000kg为宜。

一般葡萄品种结果母枝基部芽眼萌发率和结实率常常较低，而中上部芽眼较高。因此调整母枝保留量和剪截长度要适宜。结果母枝按照截留长度分为：

超短梢修剪，留1节。

短梢修剪，留2~4节。

中梢修剪，留5~8节。

长梢修剪，留9~12节。

超长梢修剪，留13节以上。

果枝发生节位高的品种应长留；果枝发生节位低的品种宜短留。其次，强枝可留长些，弱枝则留短些，而留作预备枝的无论强弱一律短枝修剪。另外截留长度也与架式、株形、气候条件和管理水平都有关。

（4）枝蔓更新复壮

1）结果母枝的更新。葡萄的结果枝是从一年生枝上长出来的。由于新梢每年不断向前延伸，结果部位也逐年随之上移，如不及时更新修剪，将会使下部枝梢越来越少，甚至不长新枝，而上部枝蔓郁闭，加之部位的空间减少，产量明显下降。因此，冬季修剪时，必须对结果母枝采取更新修剪。结果母枝的修剪有单枝更新和双枝更新两种（图5-4）。

① 双枝更新。第一年新梢留3个芽短截，发芽后留2个新梢，冬剪时上部新梢按结果母枝的要求修剪（留8~12节），基部新梢按照预备枝的要求修剪（留3个芽，次年萌发后留2个新梢）。

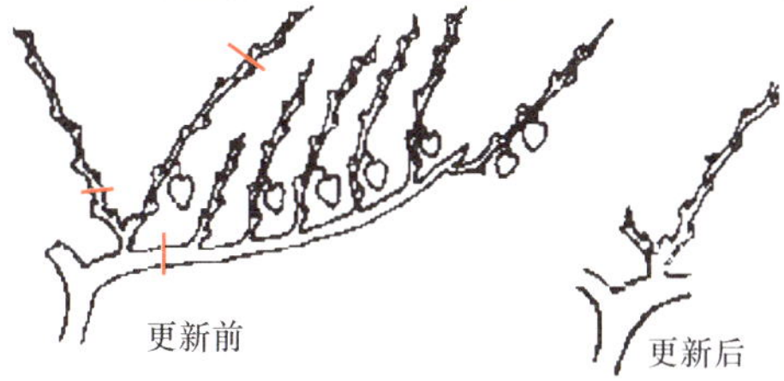

双枝更新

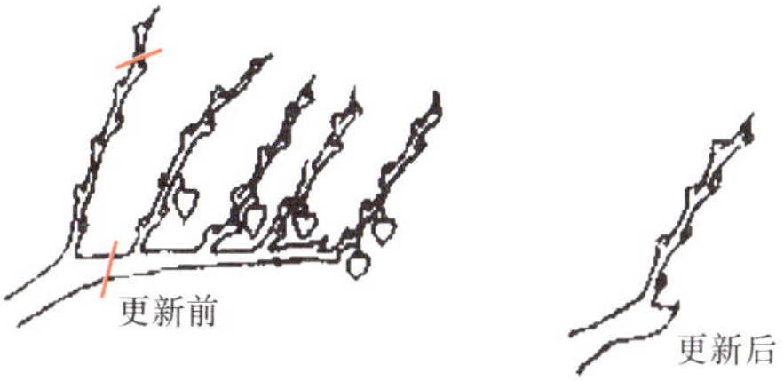

单枝更新

图 5-4　枝蔓更新

第二年冬季修剪时剪去上年已结过果的枝条，上年预备枝生长出来的 2 个新梢按第一年冬剪时的方法修剪。

以后每年重复上述剪法，每个枝组始终保持两个枝条。双枝更新虽然枝组形成晚一点，但更新效果好，枝组寿命可保持 10 年以上；不足之处是形成新梢数量较多，夏季修剪量大，副梢处理不及时，容易造成架面拥挤遮阴。

② 单枝更新。冬季修剪时不留预备枝，仅留下部的 1 个结果母枝。次年萌发后，结果母枝上部芽眼萌发成结果枝结果；基部留一个生长良好的新梢作为下一年新的结果母枝培养，此新梢上如着生花穗应摘除。冬季修剪仅留下部新结果母枝，其上枝条全剪除，下一年仍然按上述方法修剪。年年保持一个结果母枝。单枝更新枝组形成快，新梢不郁密遮阴，结果枝比例高，修剪管理方便，但更新效果差，枝组仅保持 3 ~ 5 年。

2）主、侧蔓的更新。多年结果后，主蔓和侧蔓下部光秃，结果能力下降，必须培养新蔓代替老蔓。多年生枝蔓的更新有局部更新和大更新之分。当主、侧蔓完全衰老，需要从基部锯除，称为大更新。而主、侧蔓上部衰老，下部还可利用一部分，只需锯除衰老部分，称为小更新。一般篱架6~8年需要更新。大更新时，为了不影响结果，保持产量的稳定，要在前几年即有计划地培养代替枝，待新蔓有一定产量时，再截除老蔓，并且注意单株内，主、侧蔓更新要分别轮流进行。

冬季修剪应剪除枯枝、病虫枝和徒长枝等。并注意一年生枝短剪时，剪口尽可能在节间中部或节部。疏枝时，从枝蔓基部1~2cm处剪下或锯下，尽量使伤口小而光滑，不伤母枝。

三 花果管理

1. 花序和果穗处理

（1）疏花序 强旺和中庸结果枝均保留单穗，衰弱结果枝不留果穗。对于双花序结果枝，选中等穗形果穗留下，但尽量坚持“留下不留上、留大不留小、留壮不留弱”的原则，保持果穗大小适中。水肥条件差、枝蔓长势弱、新梢负载量过大、果枝过多或落花落果严重的可适当除去部分花序，使负载量适宜。

（2）疏果 葡萄花量较大而且密集时，要进行疏果。

1）顺穗。落花后及时理顺果穗，使之自然下垂，避免与枝蔓、铁丝挤压。

2）拿穗。顺穗的同时，手握果穗，轻轻摇动，将果穗内未受精的小果振落。

3）疏小穗。疏除果穗上的副穗和密集部分的小穗，使小穗均匀分布。

4）疏粒。调整果穗内的果粒数，使果粒均匀分布在果穗上，每穗留果粒50~80粒。

（3）果穗整形

1）去副穗和歧肩。在开花前，将副穗和歧肩剪除，同时剪除花序基部的3~4层副穗，形成长穗柄果穗。

2）掐穗尖。花前5~7天掐去花序的1/5~1/4，并除去副穗，使果穗紧凑丰满，呈圆柱形。

3）调整果穗形状。在落花后，及时调整果穗形状，除去过长的副穗，使果穗丰满，呈圆柱形。

2. 生长调节剂的应用

（1）赤霉素类（GA） 适宜的浓度和处理时间，可促使新梢节间和穗轴伸长，提高坐果率，增大果粒，产生无核果，并促进花芽分化，从而提高产量和品质。

1）对生长的促进作用。在发芽期间喷 10mg/kg 的 GA_3 溶液，枝梢生长明显加快一倍以上，对花序的伸长也起到同样的作用。因此对一些果穗紧的葡萄品种，在萌芽时喷 10～20mg/kg 的 GA_3 溶液，就可达到果穗疏松、果粒增大和减轻穗部病害的目的。

2）诱导和促进无核果。花前 7～10 天，用 10～20mg/kg 的 GA_3 溶液浸蘸葡萄的花序，可不同程度地诱导产生无核果。不同品种对赤霉素浓度的要求不同。

3）促进果粒和穗重的增加。当果粒呈绿豆粒大时，用 25～40mg/kg 的 GA_3 溶液浸蘸无核品种葡萄的果穗，果粒和穗重能增重 0.5～3 倍，GA_3 和细胞分裂素混合使用效果更好。

（2）吡效隆 吡效隆也称为 KT－30，它具有细胞分裂素和赤霉素的双重功能，可以促进细胞的分裂、防治落花落果、促进葡萄浆果的增大。

对于有核葡萄品种，在花后 10～15 天，用 20mg/kg 的吡效隆蘸果穗 5～10s 可使果粒重增大 30% 左右。对于无核葡萄品种，在谢花期用 15mg/kg 的吡效隆蘸果穗 5～10s，花后 10～15 天，再用 10mg/kg 的吡效隆蘸果穗 5～10s，可使果粒重增大 1 倍左右。

（3）多效唑、矮壮素和比久 多效唑、矮壮素和比久可以抑制葡萄枝蔓的生长，也有提高坐果率、促进花芽分化和养分积累的作用，提高植株的耐寒力。

在谢花后于叶面喷布 30～60mg/kg 的多效唑或者土施 $2g/m^2$ 的多效唑、在花前叶面喷施 300 倍 50% 的矮壮素、在谢花后叶面喷施 200mg/kg 的比久，可有效地控制新梢生长量和副梢生长次数。这些药剂对欧亚种群的品种效果较显著，对欧美杂种效果较差。

【提示】 在实际生产中，由于环境条件的差异，为了避免产生药害，一定要做预实验，确定适宜的浓度后再进行大面积的使用。

3. 葡萄落花落果的预防

开花前的花蕾、开花后子房和幼小浆果的脱落率在80%以上，称为落花落果。

（1）落花落果的原因 授粉受精不良、树体储藏营养不足、缺乏氮素、水涝或干旱、施氮肥过多、开花坐果期新梢徒长、留枝过密通风透光条件差、植株缺硼等原因都会造成落花落果现象。

（2）预防落花落果的措施

1）人工授粉或配置授粉树。在盛花初期晴朗的上午，待树体上面的露水干后，采用抖动树体、喷施花粉等方式人工辅助葡萄授粉。也可以采用配置授粉树的方式以提高坐果率。

2）叶面喷硼酸、尿素混合液。在开花前10天和开花初期各喷一次0.2%硼酸+0.3%尿素混合液，能明显提高坐果率。

3）合理疏花。开花前7~10天，强壮枝（第4~5节间粗度大于0.7cm）可留2个花序，一般果枝留1个花序，弱枝不留。把分化不良的副穗去掉。

4）结果枝摘心。开花前7~10天开始对新梢进行摘心。摘心的标准是摘至成叶1/3大小的叶片处为宜，同时将副梢抹去。

5）花期环剥。开花前7~10天，在结果枝或结果母枝的基部进行环剥，宽度为3~5mm，环剥后伤口用塑料薄膜包扎防止水分散失。

6）合适的树形。长势旺的品种应采用棚架栽培，轻剪长放，缓和树势。

4. 提高葡萄浆果品质的措施

（1）果穗管理

1）掐穗尖和去副穗。开花前10天掐去花序顶端的1/5~1/4，去掉副穗（图5-5）。

图5-5 果穗管理

2）疏果穗。开花前要细致疏穗，按不同品种丰产的具体指标，留足花穗数量后，疏掉多余花穗。疏穗时应按“疏双不疏单、疏小不疏大、疏弱不疏强、疏低不疏高、疏前不疏后”的五疏、五不疏原则，控制产量在1000～1500kg/亩。

3）果穗整形。为了使果粒整齐，粒大形美，在第一次果粒膨大期间，对果穗进行整形和疏果粒，去掉凸出的穗轴分枝和密处果粒。每穗留果粒50～80粒，穗重约500g。

4）疏病粒、小粒。在浆果采收前，疏除果穗上的病粒、发育不良的小粒及裂果，使果穗整齐美观。

（2）促进浆果糖分积累和着色

1）生长调节剂的应用。在葡萄开始着色前10～15天，喷100～200mg/kg的S-诱抗素溶液，可显著提高红色品种的着色，糖分含量提高2°左右，且能提早成熟10～15天。

在葡萄成熟前10～15天，喷布60～100mg/kg的青鲜素，或者喷布60～100mg/kg的萘乙酸+10mg/kg的赤霉素，可以防止落果和脱粒，保持果梗新鲜状态，提高耐储性。

2）套袋。葡萄实行套袋，可减轻病害、避免果粉脱落及裂果、防止野蜂夜蛾类及鸟类危害、防止药剂污染，使葡萄外形美观，提高其商品化程度，还能增加含糖量。在西北及光照强烈的地区，露天篱架栽植的鲜食葡萄必须套袋，否则浆果日灼发生率高达100%，造成严重的经济损失。

以白色的、透光度好的纸袋套袋后着色效果好。套袋时间在谢花后15天左右，结合疏粒工作进行。套袋之前必须对果穗喷布一遍杀虫、杀菌剂，然后再进行套袋。在浆果采摘前10天左右把袋子除去，让果穗充分见光以提高着色度和浆果糖分，去袋时间一般在傍晚或者阴天。

3）摘除老叶。在葡萄成熟前15天左右，摘除遮挡果穗的叶片、果穗附近老化的部分叶片，使果穗充分见光以利于着色。摘除量以有25%直射光射到地面为宜。

4）转果穗方位。篱架栽培的葡萄，将果穗旋转180°，可使整穗着色均匀。

5）辐射反光膜。果穗去袋后，架下铺设反光膜，增加架下散射光量，从而促使果穗着色均匀一致，颜色艳丽漂亮。

6）喷施叶面肥。在葡萄着色期，叶面和果穗喷施0.3%～0.4%氯化钙或硝酸钙和0.1%硼酸混合液，每7～10天喷1次，连续喷2～3次。在葡萄成熟前1个月，每10～15天叶面喷施1次0.3%～0.5%磷酸二氢钾。在葡萄开花前、盛花期、浆果膨大期，喷1%沼液、0.1%稀土元素微肥等，对提高产量和品质效果明显。

7）控水。在葡萄着色期至成熟期应严格控制灌水，一般采前15～20天应停止灌水，有利于提高浆果的糖度，特别是进行避雨栽培的葡萄，后期应用黑地膜覆盖地面，保证土壤水分稳定，防止雨前雨后土壤含水量剧烈变化，防止葡萄裂果。

8）适当晚采，增糖增色。适时晚采，可增加浆果糖度，改善风味。

5. 浆果大小粒现象

（1）发生时期与症状表现 成熟的葡萄果穗中有时会出现许多小粒浆果，小粒浆果着色不良，而且没有商品价值，它还影响果穗整齐度，使外观品质下降。果穗大小粒的出现是在浆果第一次迅速膨大期，有部分浆果停止生长，体积不再增大，从而形成大小粒现象。

（2）形成原因

1）授粉受精不良，导致浆果发育受阻而形成小果。

2）葡萄前期生长势过于旺盛，营养生长过强，营养生长与生殖生长不平衡，花芽分化过程中性细胞分化不良，加重浆果大小粒现象的发生。

3）生产上前期施氮肥过多、营养元素供应不平衡，尤其是锌元素的缺乏、供水过多、修剪不合理等，均可导致浆果出现大小粒现象。

（3）防治措施

1）合理修剪，调节树势。根据品种特性，采用适宜的架形，及时对新梢摘心，控制副梢的生长。

2）平衡施肥，控制氮肥施用量。花前或花期叶面喷施硼肥，在施用基肥时增施锌肥等微量元素肥料。

3）合理灌溉。花前控制水分供应，减少枝梢旺长。

4）及时进行花、穗管理。在谢花后 15 天左右开始修整果穗、掐穗尖、疏果，花期禁用赤霉素。

6. 裂果

（1）发生时期与症状表现 主要发生在浆果近成熟期，表现为果皮开裂，之后裂口形成干疤或者滋生病菌发生烂果，严重降低了浆果的商品价值。

（2）形成原因

1）品种。巨峰、乍娜、里查马特等品种裂果严重，而京亚、红地球等品种不易发生裂果。

2）果皮强度。果皮强度随着浆果成熟急剧下降，同一果粒不同部位降低的幅度不同。果粒密挤、接触部位果皮薄、果皮强度降低幅度大易裂果。

3）水分供求平衡。在持续高温、久旱情况下，突遇大雨或大水灌溉，造成土壤和空气湿度急剧变化，使果肉细胞迅速膨大，易造成裂果。

> **【提示】** 葡萄成熟前 15～20 天，一定要保持土壤含水量的稳定，否则会引起严重的裂果。

4）土壤条件。地势低洼、易板结、排水不良、通透性差、易旱易涝的黏土上易发生裂果；土层厚、土质疏松、通透性好的沙壤土上裂果现象轻。

5）病虫害。白粉病为害后，果皮弹性下降，从果顶纵裂。红蜘蛛为害后，果面形成褐色锈斑，从果蒂纵裂。

6）栽培管理。树势弱、光照差、通风不良及施氮肥过多的果园裂果重。负载量大、叶果比小、着色延迟，易诱发裂果。

7）农药使用。幼果期，尤其是落花后的 45 天以内，农药使用不当，使果皮受到伤害，后期容易裂果；喷布乙烯利或赤霉素易造成裂果。

（3）防治措施

1）首选不易裂果的品种，易裂果品种不使用乙烯利或赤霉素。

2）浆果发育后期保持水分的供求平衡与水分供应的稳定性，防止土壤水分急剧变化。

3）做好花果管理工作，通过疏穗、疏粒控制负载量和果粒着生状况。

4）加强病虫害防控工作，减少病虫为害导致的裂果现象。

7. 浆果套袋

对于鲜食葡萄来说，套袋不但保证穗形美观，而且防止日灼、鸟、病、虫等对浆果的危害，降低农药残留和裂果率（图5-6）。

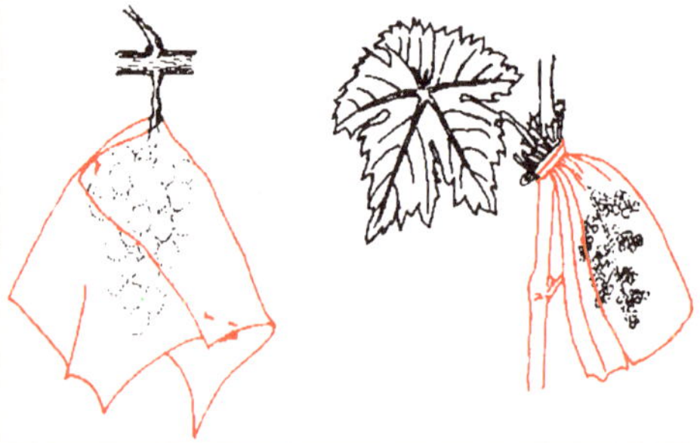

图5-6　果实套袋

(1) 套袋时间　在花后15～20天进行，套袋前先在果穗上喷布1000倍的甲基托布津和2500倍的吡虫啉等杀菌和杀虫剂，待药液干后即可进行。

(2) 袋子选用　采用葡萄专用袋或者自制报纸袋，纸袋的长度大于35cm，宽度为20～25cm。套袋后在田间管理时注意不要碰动纸袋，防止碰伤果穗。

(3) 去袋　在东部或者南方葡萄产区，对于着色品种，要在采收前20天左右取下纸袋，以利于充分上色。在西北地区，由于光照强烈，在采收前没有必要取下纸袋，而且可以用不同颜色的纸袋来调节浆果的颜色。

四　土肥水管理

1. 土壤管理

葡萄要从土壤中吸收充足的营养物质，以满足植株生长结果的需要。因此，搞好土壤管理，是葡萄栽培中一项基本的重要管理内容。一般土壤管理分深耕、中耕除草、土壤间作和改良等。

(1) 深耕 深耕在葡萄的年生长后期进行，能熟化土壤，促进葡萄生长发育，对早结果和增产均有良好效果。无论幼龄葡萄园或成龄葡萄园，每年夏末至秋季都要对园地深耕1~2次。

第一次深耕在7月中下旬，行间和定植沟同时进行。行间深耕25~30cm，定植沟深耕15~25cm，植株附近处浅耕，向外逐渐加深，切断地表根系。有条件的采用机械耕作。

第二次深耕在9月下旬~10月上旬进行，对行间和栽植沟全面耕翻，可预防根系受冻，保证植株安全越冬。

深耕会积蓄降水，也将杂草及其种子、病菌、虫卵等翻入土中，消灭了杂草和病虫危害。起到蓄水保墒、提高土壤含水量和促进根系向深层伸展的作用。山地、河滩地、低洼黏土地等，结合深耕加厚土层或掺沙或添加土壤改良剂以改良土壤理化性状，为根系的生长创造良好条件，对增产和提高浆果品质均有良好的效果。

(2) 中耕除草 主要在葡萄生育前期（7月以前）进行。中耕深度为10cm左右，全年进行5~7次。

中耕的主要作用是防止土壤水分蒸发，消灭杂草和提高地温，也能防止盐碱上升，并促进微生物活动，增加土壤养分的有效性。早春中耕，有利于土壤早融冻，在浆果着色期中耕能改善园内小气候，促进浆果早着色、早成熟，提高含糖量和品质。

除草是葡萄园土壤管理的一项经常性工作，通过中耕及时消灭杂草。但大部分除草剂会对葡萄植株产生药害，应谨慎施用，以免影响植株的正常生长。

(3) 土壤改良 葡萄对土壤条件适应性较强，但已定植的葡萄园，无论土壤条件如何，都应不断改良，提高土壤肥力，为丰产、优质奠定基础。其中沙土、黏土和盐碱地等，更应该多采取措施，加快土壤改良。

1）深翻改土。在秋季葡萄浆果采收前后，将植株根系分布外围的土壤深翻约80cm，分层施有机肥或绿肥、禾秆，使深层土壤得到改良，有利于根系向深层伸展，其丰产优质效果好而且持久。

沙土或黏土地，除结合深翻掺黏土或沙土改良外，也可增施有机肥和种植绿肥来改土。盐碱地通过深翻结合添施脱硫石膏（锅炉脱硫除尘废弃物）、硫黄粉和有机肥，可有效改良土壤，降低土壤盐碱含量。

2）增施有机肥。建园时除了在定植沟施足有机肥，之后每年增施有机肥和种植绿肥外，还可采取行间覆草、覆沙等措施改良土壤，使土壤肥力不断提高，土壤理化性状逐年改善，成为葡萄丰产优质的坚实基础。

（4）土壤间作 在幼龄葡萄园行间可间作矮秆作物或绿肥作物，既管理了行间土壤，也可获得一定的经济收入。适合间作的作物有各种瓜类、葱蒜类、矮秆豆类、花生、地瓜等。成龄葡萄园，仅适宜间种耐践踏的绿肥作物。水源充足的条件下，可实行生草栽培，定期刈割覆盖行内以增加土壤有机质含量。

2. 施肥和灌水

（1）施肥

1）施肥时期。

① 追肥施用时期。第一次在萌芽后进行，第二次在花后至浆果膨大前，第三次在浆果迅速膨大期。

② 基肥施用时期。在浆果采收后立即施用基肥。在西北地区采用埋土防寒法时，一般在春季葡萄出土后至开花前使用基肥。

2）施肥量。幼龄葡萄每年对氮、磷、钾的吸收量每亩：氮为5～7kg，磷为2.5～3.5kg，钾为6～8kg。成龄葡萄要求每年每亩施氮12.5～15kg，磷10～12kg，钾10～17kg。葡萄对氮、磷、钾的吸收比率约为2∶1∶3。

3）施肥方法。基肥多为开沟施入。采用条沟、环沟、半环或放射沟等方法，沟深60cm、宽40～50cm。幼龄树距树干约50cm；成龄树应距树干80～100cm。

追肥用浅沟追施，沟深10～15cm，距主干30～40cm。也可采用穴施等，但要注意施肥沟距根际的距离，以免伤根。

4）叶面施肥。根外追肥也叫叶面追肥，可以节约用肥量，见效快，肥料利用率高，是施肥的一项补充措施。尿素常用量为0.4%～

0.5%，磷酸铵为0.5%，磷酸二氢钾为0.3%～0.4%。硼酸、硼砂、硫酸锌、硫酸镁、硫酸锰为0.1%～0.2%。叶面施肥在晴天10：00之前，16：00之后喷施效果最好。

（2）灌水 葡萄园灌水，应根据生长季植株需水规律和要求来确定，一般与施肥相结合。灌水时期与次数大致如下：

1）灌水时期。

① 发芽前。在葡萄出土后至萌芽前灌水，可促进萌芽和新梢生长。

② 开花前。在开花前7～10天灌水，可满足新梢和花序生长发育的需要，也为开花坐果创造良好的条件。一般葡萄盛花期不宜灌水，但在干旱年份或保水力差的沙滩地、漏沙地等，如果开花时水分不足，可小水灌一次。

③ 浆果膨大期。在开花坐果后，幼果开始膨大，新梢生长旺盛，此时必须灌溉以供给充足的水分。

④ 浆果生长后期到成熟前。此期灌水可继续增大果粒体积，提高产量，也有利于促进浆果成熟和提高品质。

采收前15～20天内不宜灌水，否则水分过多会影响浆果色、香、味的提高，降低品质和含糖量，严重时产生裂果和造成病害的蔓延。

⑤ 采收后。采收后植株需水量逐渐减少，树体进入营养积累阶段，适宜的灌水有利于营养积累，也有利于次年的生长发育。通常在采收后，结合秋深耕或秋施基肥灌水。

⑥ 灌冬水。在葡萄冬剪和埋土前是全年最后一次灌水。这次灌水要求冬灌要饱，而且要适当提早。如果冬灌过晚，土壤湿度过大，既不利于埋土，也会产生芽眼和枝蔓发霉或腐烂等现象，在埋土防寒区，一般在埋土前15～20天开始灌水。

2）灌水量和灌水方法。春季葡萄出土后，灌水量要大而次数宜少，以免降低地温影响根系的生长。夏季要适当增加灌水次数，冬季水量要大。成龄葡萄园灌水后土壤渗透深度应在100cm左右，幼龄园60～80cm为宜。前期（萌芽至浆果生长期）保持土壤湿度，田间持水量以70%～80%为宜，后期（浆果成熟期）保持60%～70%

为宜。

葡萄园灌溉方法，目前大部分仍采用大水漫灌或沟灌，这些灌水方法费水，并且不易控制灌水量。有条件的葡萄园，最好采用滴灌技术，既节省劳动力，又大幅节水。

五 采收

1. 采收期的确定

鲜食品种不宜采收过早，否则色、香、味均欠佳，而且产量受损失；采收过晚会降低储运性。一般在接近或达到生理成熟时就应及时采收。

生理成熟的标志是，有色品种充分表现出固有色泽，白色品种呈浅黄色或白绿色，果粒略呈透明状，同时果肉变软而富有弹性。穗梗基部呈黄褐色并具有该品种固有的含糖量和风味。其中最好的指标是固形物和有机酸含量之间的比例或平衡，这种比值因浆果用途和品种而异，应通过调查研究确定。

2. 采收方法

采收时用手捏住穗轴，用疏果剪剪下果穗，留穗轴3～5cm，随即放入果筐，送选果场进行分级、包装等处理。

采收鲜食葡萄必须做到小心细微、轻拿轻放，尽量不擦掉果粉，以免有损外观。采收时间最好在晴天上午或傍晚，在露水未干的清晨、雾天、雨后或炎热的中午均不宜进行采收。

3. 分级包装

分级前先剪除病粒、烂粒和青粒，再参照有关果品分级规定的标准进行分级。外销和内销规格不同，应严格参照执行，做到优质优价。远运的葡萄必须妥善包装，有木箱、纸箱、果篓多种包装形式。总之，要参照目前采用的规格要求和包装方法进行包装。

第六章

鲜食葡萄设施栽培技术

第一节　设施的类型和建造

一　塑料大棚

塑料大棚是较大空间的保护地设施，由于塑料薄膜重量轻，透光率高，白天增温快，夜间的保温性仅次于玻璃温室，并且造价低，使用方便，在大棚内进行葡萄促成栽培的经济效益大大高于露地栽培。塑料大棚主要用竹木、硬塑料、水泥、钢筋、钢管等做骨架材料，上面覆盖塑料薄膜建造而成，一般用0.1mm厚的塑料薄膜覆盖，占地面积300～800m^2，棚高2～4m、宽8～15m、长50～80m。一亩塑料大棚需塑料薄膜120～150kg。

1. 大棚的结构和组成

（1）竹木结构　由立柱、支撑拱杆的柱子、拱杆（支撑塑料薄膜的骨架，直径4cm左右）、拉杆（纵向连接立柱，可用8号铁丝代替）、门窗（大棚两端各设一门，顶部设天窗，两侧设侧窗，以利于通风换气）、塑料薄膜组成，大棚的立柱、拉杆使用的是硬杂木或粗竹竿等，拱杆及压杆等用竹竿。竹木结构大棚便于就地取材，容易建造，造价低廉，但竹木易折，使用年限短，又因棚内立柱多，遮光率高，不便于操作和机械作业。

（2）钢材结构　是在竹木结构的基础上发展而成的。大棚的骨架采用轻型钢材，如ϕ12～16mm的圆钢、小号扁钢、角钢、槽钢等，骨架结构与竹木结构基本相同，但可焊接或用连接固定构件做成。这种棚抗风雪的能力强，坚固耐用，操作方便。

1）焊接钢结构大棚。这种钢结构大棚的拱架是由钢筋、钢管或两种材料结合焊接而成，上弦用 ϕ16mm 钢筋或 6 分管（ϕ19.05mm），下弦用 ϕ12mm 钢筋，纵拉杆用 ϕ9～12mm 钢筋。跨度为 8～12m，脊高为 2.5～3m，长为 50～80m。各拱架间纵向用拉杆或斜交式拉杆连接固定形成整体。拱架上覆盖薄膜，拉紧后用压膜线或固膜槽钢将薄膜固定在大棚骨架上。这种结构的大棚，骨架坚固，无中柱，棚内空间大，透光性好，作业方便，是比较好的设施。但这种骨架要涂刷油漆防锈，1～2 年涂刷一次，如果维护得好，使用寿命可达 10 年以上。

2）镀锌钢管装配式大棚。这种结构的大棚骨架，其拱杆、纵向拉杆、端头立柱均为薄壁钢管，并用专用卡具连接形成整体，所有杆件和卡具均采用热镀锌防锈处理，是工厂化生产的工业产品，已形成标准、规范的 20 多种系列产品。这种大棚跨度为 4～12m，肩高 1～1.8m，脊高 2.5～4m，长度为 50～100m，拱架间距为 0.5～1m，纵向用纵拉杆（管）连接固定成整体。可用卷膜机卷膜通风、保温幕保温、遮阳幕遮阳和降温。

这种大棚为组装式结构，建造方便，并可拆卸迁移，棚内空间大、遮光少、作业方便；构件抗腐蚀、整体强度高、承受风雪能力强，使用寿命可达 15 年以上，是目前最先进的大棚结构形式。

（3）菱镁塑料钢拱架无腰柱温室大棚 菱镁塑料钢拱架的成分主要由氧化镁、氯化镁、不饱和聚酯树脂等物质，手工或机械模塑成型，非常适合北方寒冷及高寒地区使用。拱架高温不膨胀，低温不收缩，防腐蚀，防虫蛀，成本低，寿命长，不用前柱、腰柱支撑，采光好，作业方便。

（4）混合结构 此类大棚的棚形结构与竹木棚相同，唯一不同之处在于使用的材料是竹木、钢材、水泥构件等多种材料。

（5）充气大棚 包括拱形的棚盖和用在棚盖两端的侧帘，侧帘上设有门。棚盖包括两层塑料，该两层塑料上有多条经高频热合的热合线，两个热合线形成一个封闭的拱形肋带，每个肋带上有一个充气嘴，双层充气膜能有效防止热量散失和冷空气侵入，保温性能好，冬季运营成本低，缺点是双层充气膜导致温室透光率下降。

2. 塑料大棚的设计与建造

（1）场地选择 场地要求开阔，必须避开风口。在建立棚群时，保证大棚间距离达到2～5m，棚头间距为5～6m，便于运输和通风换气，避免遮阴，同时还要求有方便的电力和灌溉条件。

（2）大棚的规格和方向 一般每个大棚面积为300～500m^2，长50～80m，宽10～12m，竹木结构的矢高为1.8～2.2m，钢架结构的矢高为2.8～4m。棚内空间增大，有利于空气流通、授粉，改善果树生长环境，又便于生产管理。

南北延长的大棚受光均匀，东西延长的大棚冬季受光条件好，不论东西延长或南北延长，要避免斜向建造。建造大棚除了考虑透光外，还需根据地形来决定方向。

（3）塑料大棚的布局 塑料大棚场地、规格选定后，要根据场地大小、个数对大棚进行总体规划，若棚群较大，应考虑设计其他设施，如工作间、仓库、配电室等。

南北延长的大棚，南北两棚棚头间距应为5～6m，以便运输和塑料大棚通风换气；东西两棚间距为2～3m，即有利于通风又可以避免大棚相互遮阴，提高土地利用率。

（4）塑料大棚的保温比 塑料大棚的保温比是指塑料大棚内栽培床面积与覆盖的塑料薄膜面积之比。保温比大，表示覆盖的棚膜面积比例小，虽然夜间散热面积小，但白天接受太阳辐射能的面积也小；反之，保温比小，其接受太阳辐射能的面积虽大，但散热面积也大，不利于保温。所以大棚保温比要适宜，以0.6～0.7为宜。

3. 竹木结构塑料大棚的建造

（1）材料

1）骨架材料。按大棚结构的要求，把各种材料准备好，如拱杆、立柱、拉杆、压杆等按规格要求截短和用铁丝连接好，要求绑接牢固（图6-1）。

2）裁接塑料薄膜。根据大棚的大小计算并裁好塑料薄膜，在温暖的地方用电热熨斗将薄膜粘接成整体。

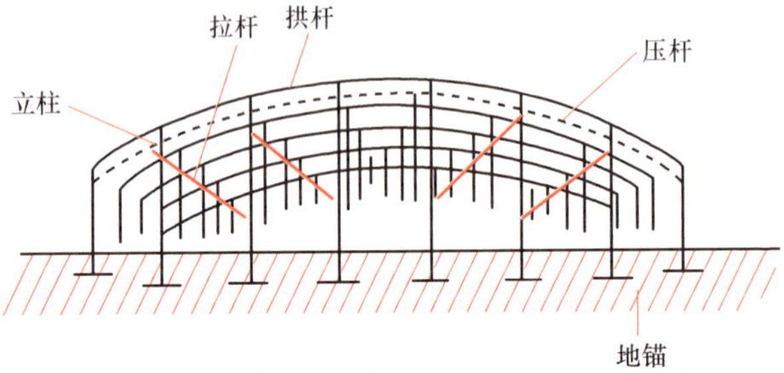

图 6-1 竹木结构塑料大棚

（2）施工 建棚前先整平土地，并按南北方向定好大棚边线，然后从一端开始，定好埋设立柱和插拱杆的位置，并挖好坑，根据具体施工条件按以下作业程序施工。

1）埋立柱。立柱埋置深度为 40 ~ 50cm。要求规格一致，纵横成行，同一排的立柱高度要一致。中间两行高，两边依次降低 20cm，保持对称，成半弧形。

2）插绑拱杆。立柱埋好后，把拱杆放在立柱上端“V”字槽内，拱杆的两端埋入坑里，深 30 ~ 50cm，拱杆拱形在一条直线上，用铁丝将拱杆和立柱绑牢，拱杆间距为 1 ~ 2m。

3）绑拉杆。横拉杆绑在距立柱顶端 30 ~ 40cm 处，紧密固定在立柱上。棚形较小时，可以用 8 号铁丝固定在每个立柱顶端，沿大棚走向拉直两头埋入土中，再用紧线螺钉拉紧代替拉杆。

4）扣棚（上膜）。为防风吹和上膜时磨损薄膜，立柱与拱杆各连接处用软布或薄膜包起来。选择暖和无风天的上午顺风扣棚，薄膜要拉紧，中间无折叠和扭斜，将膜边埋入土中并踏实。

5）上压杆或压膜线。薄膜扣好后上压杆，也可边盖膜边压杆，压杆也要压紧绑牢，两端用铁丝牢固地固定在大棚外侧的木桩上。覆盖薄膜后，也可不上压杆，在各拱杆间拉上压膜线，压膜线最好用特制的塑料压膜线；也可使用尼龙绳，固定在预埋的地锚上。压膜线必须压紧，才能保证大风天薄膜不受损坏。

6）装门窗。在棚的两端各设一门，门高1.5～1.8m，宽0.8～1m，也可设活门。通风窗可随着天气转暖逐渐开设或配置专门的卷膜器，从两侧通风换气。

4. 塑料薄膜的选择

我国保护地设施应用的薄膜，按树脂原料可分为聚氯乙烯（PVC）棚膜、聚乙烯（PE）和乙烯-醋酸乙烯（EVA）棚膜，其中PE棚膜和PVC棚膜应用最广；根据生产需要又分为长寿膜、无滴膜、高保温日光膜或高温保温膜等，有条件的最好选用EVA棚膜。

二 高效节能日光温室

日光温室是一种比较完善的保护地形式，是由地基、基础墙体、骨架、覆盖物、保温设备等构成。它控制温度、光照、湿度、空气环境条件的能力强，设备较完善，但投资较大，生产中常用的日光温室大多数都是单窗面日光温室。单窗面日光温室通常可以分为普通日光温室和高效节能日光温室。普通日光温室在寒冷季节，需人工加温来保持温度、进行生产。高效节能日光温室是在普通温室的基础上，通过优化棚形结构、改良保温储热和透光能力建造而成的，它具有良好的采光、储热、保温、防寒性能，而且空间大、操作管理方便，冬季不需人工加热就可进行生产。

1. 日光温室类型

（1）长后坡矮后墙半拱圆形日光温室 该温室跨度多为5.5～6m，中脊高2.3～2.4m，后墙高0.5～0.6m，后坡长3m，中柱高2.2m，中柱在距柁前端40cm处与之连接，中柱距温室前底脚3.5m，距后墙内侧2.5m。前屋面弧长4.5m左右，拱杆固定在由中柱支撑的脊檩和前屋面的两道梁及支柱上，后屋面结构是先在柁上横担4～5道檩条，上面再用玉米秸或高粱秸做箔，箔上抹两遍草泥，上边再铺稻草，总厚度达到60～70cm。前屋面用草苫加纸被保温。这种温室的优点是取材方便，造价低，保温性能好。此类温室改进后将其中脊高度提高到2.7m，后坡投影长度缩短到2～2.2m，又增加了采光量，减少了后坡下的弱光带，进一步改善了温室性能。

（2）短后坡高后墙半圆拱形日光温室 这种温室跨度为7m，脊高3.1~3.3m，后墙高2m，后坡长1.5~1.7m，后坡水平投影宽度为1.2m，后墙厚1m以上，后坡前部厚20cm，中部厚40cm，后部厚60cm。前屋面采用钢管架结构，可不设支柱，后屋面采用水泥预制件结构。若前屋面采用竹片（杆）拱架需立两排支柱，四周设防寒沟。如果栽培乔化树种跨度可以增加到8~8.5m，脊高3.6~3.8m，温室前屋面底脚向内1m处的高为1.5~1.8m。

（3）鞍Ⅱ型日光温室 跨度为6m，中脊高2.7~2.8m，后墙高1.8m，为砖砌空心墙，内填珍珠岩。前屋面为钢结构一体化半圆拱形桁架，上弦为ϕ4cm的钢管，下弦为ϕ10~12cm的圆钢，腹杆（拉花，下同）为8号圆钢，后坡长1.7~1.8m，水平投影宽度为1.4m，从下弦面起向上填充作物秸秆、抹泥再铺草，形成泥土和作物秸秆复合后坡，厚度不少于60cm，前屋面双弧面构成半拱形，分下、中、上三段，其抗荷载设计能力为300kg/m^2。这种温室跨度小，采光增温和保温效果好。

（4）一斜一立式日光温室 跨度为6~7m，脊高3~3.2m，前屋面下设2~3排支柱，每排间距为2m，前柱高0.8m，第二排柱高约1.8m，第三排柱高2.7m，脊柱高2.7m，后墙高2m，后坡长1.5m，柱间东西间距3~4m，柱上架设木杆或ϕ10~12cm的竹竿或1~2寸（ϕ25~50mm）钢管作为拱架。在拱架上按40~45cm间距横拉8号铁丝，拉紧后两端固定在山墙外侧的地锚上，中间固定在拱架上，再隔70~75cm固定一道南北向细竹竿，然后覆盖薄膜，在膜上再用竹竿与膜下竹竿相对，用铁丝穿透膜面拧紧固定。

（5）半地下式日光温室 这种日光温室内栽培畦在地面以下，存在前部低矮作业和采光角度不易增加等问题。因此有不少温室前屋面改为微拱形，跨度为6~7m。

（6）甘肃二代半拱圆棚型日光温室 温室跨度为7~8m，脊高3.6~3.8m，后墙高2.8~2.9m，外加80cm高的女墙，土墙厚1~2m，长后坡为2.1m，短后坡1.6~1.8m，入土墙50cm，后坡仰角为45°，草层中部厚50~70cm，前沿厚20cm，横梁入山墙50cm，梁下面衬上砖头或木片，以增加受力面积。横梁要求平直，与立柱用铁丝捆扎固定。后坡檩条固定在横梁上，和横梁入后墙50cm。前屋面呈拱圆形。前后屋面间距40cm左右横拉一道8号铁丝，两头固定在山墙外的坠石上，坠石埋于距山墙50cm外的沟中，沟深50cm，铁丝与山墙相接处顺墙衬两根木棒，以防铁丝陷入墙体，再用扎丝将铁丝固定在木棒上。拱杆与铁丝用扎丝固定。地基处理同其他类型温室。

（7）镀锌钢管（钢筋）双弦桁架式日光温室 这种温室其前后屋面是钢管（筋）结构一体化半拱圆形桁架，可分为有中柱和无中柱两种类型。无中柱温室的跨度为7~8m，拱架直接架在后墙上。屋脊高3~3.5m，后墙高2.2~2.9m，砖砌夹心墙厚70~100cm，内填炉渣层20cm厚，内砌三七砖墙，外土墙厚50~60cm，每隔3层砖将内外墙连成一体。钢架上弦为ϕ4cm的厚钢管，下弦为ϕ1~1.2cm的钢管，腹管为ϕ0.8cm的圆钢，桁架间距为3.3m，拱杆间距为80cm，东西向用3~4道圆钢或钢筋拉杆连接固定。后屋面处理与其他温室类似。这种温室经久耐用，采光增温和保温效果也好，生产作业方便；其缺点是造价高，一次性投资大。

（8）西北型半地下式超厚墙体日光温室 温室跨度为7m，屋脊高3.3m，后墙高2.2~2.6m，其中栽培床距离地平面0.5~0.6m，墙体底部厚度为2.5~3m，顶部厚度为1m，墙体内侧垂直于地面，外侧为斜面，既保温又防雨；后坡长1.8m，后坡投影为1.2m，厚度为0.5~0.7m，后屋面仰角为38°~40°，温室长度为50~100m；前屋面底角为65°~67°。

（9）西北型节能日光温室 温室跨度为7m，高度为3.8m，墙体厚度为1.3m。温室方位角为偏西5°~6°，后屋面仰角为40°。温室骨架材料为镀锌轻型钢管屋架结构，前屋面骨架上弦采用4分钢管（ϕ12.7mm），下弦采用ϕ10mm钢筋，中间拉花弦采用ϕ8mm钢筋。后屋面上弦采用1寸钢管（ϕ25mm），其他部分和前屋面相同；后墙及山墙为干打垒土墙外包砖墙，中间夹1.1m厚的干打垒土墙。后屋面材料为轻质复合墙体保温板复合材料，总厚度在17cm以上，内表面用菱镁材料做防氧化处理，保温板之间可用凹凸槽或建筑胶连接，外表面采用水泥砂浆加玻璃纤维布处理，表面再做防水处理。

采用温室复合保温被，使整体结构传热系统小，保温性能优于草帘；重量适中，容易卷放；不易被雨雪浸湿，防水性能好；抗老化能力好，使用寿命长（6 年以上）。

（10）双连跨（栋）日光温室 双连跨（栋）日光温室是在充分发挥我国独创单栋高效节能日光温室技术的基础上，结合现有单栋日光温室和连栋温室技术，优化和筛选新型的覆盖材料，以轻质保温材料做墙体围护，采用轻型无柱装配式桁架，改进温室的结构、密封和保温性能而独创的新型温室类型。这种温室土地利用率提高了 30% 以上，更适合果树设施栽培和集约化立体栽培，室内空间大，便于机械化作业。

2. 高效节能日光温室的选址与规划

高效节能日光温室要求具有良好的采光、储热、保温性能，这些性能主要受高效节能日光温室前后屋面角度、高度、长度、墙体和后屋面的厚度、建材特性等因素的影响，因此只有设计合理的日光温室，才能满足生产要求。另外还应考虑日光温室的稳定性，能够承担风压、雪压及保温覆盖材料的负荷，充分利用当地自然条件，就地取材，合理设计，按要求规范施工。

（1）高效节能日光温室建造地址的选择 高效节能日光温室属于稳定性永久型生产设施，一次性投资较大，因此不能盲目滥建。在建造前，应对场地环境、生产条件、交通运输条件、水电设施等进行综合评价，一定要本着就地取材、经济实用、成本低、土地利用率高的原则选择适宜的地点，若需大面积发展，就要集中连片、总体规划、合理布局，按照高效节能日光温室修建的要求选好地址。选择的条件是：

1）选开阔、平坦或朝阳的缓坡地段修建。阳光是高效节能日光温室生产的关键因素，是唯一的光热资源，这样的地段白天日照时间长，采光好，气温、地温也高。

2）避开风口，减少热量损失。

3）土壤应以土层深厚、肥沃、富含有机质的砂质土壤为宜，同时水位不宜过高，以免影响排水。低洼内涝地，应先挖沟排水、加高地势后再修建。

4）水源充足，交通方便，有供电设备。

（2）高效节能日光温室的方位 正南偏东或偏西5°～10°，以严冬利用为主的温室，方位偏西可以迟盖草帘，延长午后日照时数，增加温室储热量，缩短温室黑夜时数，提高夜温，无论是偏东或偏西都以最大不超过10°为宜，否则影响温室受光。

（3）修建高效节能日光温室用地的总体规划与建造原则

1）温室间距。高效节能日光温室的间距取决于温室与温室之间的遮阴情况，温室间距应大于6m。为减少占地，提高土地利用率，温室前的空地带可以造低矮的温床、冷床，进行葡萄或蔬菜的栽培。温床、冷床可东西延长，也可南北延长，方向及长度取决于场地具体条件，温床与温床之间的距离为1.5～2m，既要作业方便又能放置草毡。

2）建造原则。

① 采光合理充足。太阳不仅是温度热量的来源，也是葡萄生长发育的能源，要合理地利用自然光照，使温室内的光照满足果树生长发育需要。

② 保温、蓄热好，节约能源。节能日光温室多在北纬37°～46°地区的冬季进行生产，如果保温、蓄热不好，需要进行加温，会消耗大量能源，增加生产成本，降低效益，严重时甚至亏本。因此，修建温室时必须根据当地自然条件，加强保温、蓄热设计。

③ 建筑结构合理，坚固适用，成本低，见效快。修建温室时应通过温室采光理论、建材特性、本地自然条件、气候条件分析计算，确定本地最优化的采光屋面角度和形状，使高效节能日光温室在建筑结构上技术先进、结构合理，同时还要做到坚固适用。在此基础上力求建材就地取材，以降低造价，提高经济效益。

3. 高效节能日光温室的结构设计

（1）墙体设计（图6-2）

1）墙体的厚度和高度。高效节能日光温室的墙体有承重和蓄热保温两方面的作用，墙体的厚度和建材的种类直接影响温室的保温性能。后墙高度应根据后屋面角度、脊高、后坡投影等因素综合考虑，一般保温性强、导热性差的墙体可略薄一些。

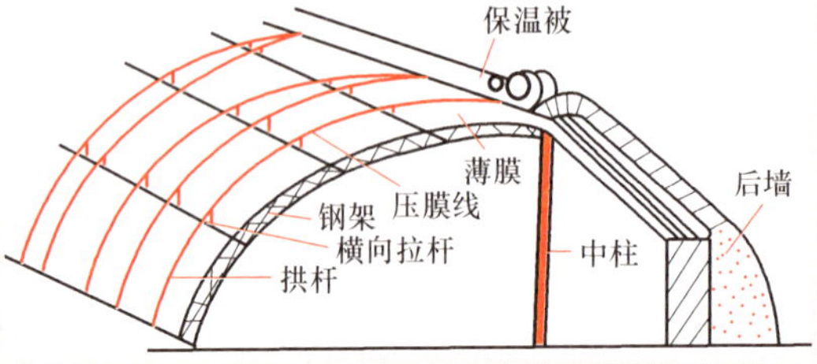

图 6-2　日光温室结构

2）墙体材料的选择。为了使墙体具有良好的蓄热、保温能力，除采用合理厚度、高度外，还要选择适当的墙体材料或采用异质墙体结构。砖墙保温性能比土墙强。厚 60cm 的砖墙与 80cm 的土墙效果相当。

近年来异质复合墙体得到迅速推广。这种墙体的一般结构是内层为砖、外层为砖或加气砖（也可以是土墙），中间有一定厚度的填充物，填充物可用稻草、炉灰渣等，从而在夜间向室内放热的时间长、放热量大。

（2）后屋面的设计　后屋面又称后坡、不透光屋面、后屋顶，是温室的一种围护结构，主要起隔热保温、蓄热放热的作用；同时也有支撑采光屋面、卷放草帘的功用。另外后屋面会影响温室的采光性能，设计时不能轻视。

1）后屋面仰角大小。后屋面仰角大小影响温室的采光、储热性能。应根据各地实际情况、栽培品种、树高等因素选择适宜的仰角。目前日光温室仰角有增大的趋势，为改善采光，可将后屋面仰角加大到 40°～45°。

2）后屋面的宽度和厚度。由于后屋面的传热数远比前屋面小，夜间保温效果好得多，所以长后坡的温室白天升温慢，夜间降温也慢。高效节能日光温室必须有宽度适当的后屋面，目前生产上大体有三种：第一种是长后坡式，前后屋面投影宽度为 2∶1；第二种是无后坡式，除墙体外都是采光屋面；第三种是短后坡式，前后屋面投影宽度为 4∶1 或 5∶1，目前生产上以该种类型为最多。冬季生产的日光温室，特别是在高寒地区，为了保温，必须有一定长度的后坡，在6m跨度、2.5m高的日光温室，后坡投影以1.3m为合适。7～8m跨度日光温室后坡投影为1.4～1.5m，后坡长1.8～2m。

为充分发挥后屋面的保温作用，必须保证其适宜的厚度，一般后屋面的前沿厚度为15～20cm，中部厚度为40～60cm，后部厚度为60～90cm，用轻质、保温、隔热的材料填充。

3）后屋面建材的选择。后屋面建材要求用轻、暖、严，并有一定强度的材料，不能仅限于承重和隔热保温。目前后屋面一般是用一定规格的木椽、水泥预制椽或钢管承重，用整捆的玉米秸秆、高粱秸秆、芦苇秸秆、柴草、麦草或聚苯乙烯泡沫塑料板保温，保温层上下铺旧棚薄膜阻隔热对流与缝隙传热，上面用草泥封顶，再上面铺防水层。

（3）前屋面的设计 前屋面又称采光屋面、透明屋面。阳光照到前屋面上以后，一部分被薄膜吸收掉，一部分反射掉，大部分透入室内。

1）前屋面形状。高效节能日光温室前屋面形状有两大类，一类是由一个或几个平面组成的直线形屋面，一类是由一个或几个曲面组成的曲线形屋面。前屋面形式以圆—抛物线组合形最佳，一坡一立式和椭圆形最差，圆面形、抛物线形与三折式居中。

2）脊高和跨度。脊高代表温室高度，指的是屋脊至地面的高度。所谓跨度指的是温室北墙内侧至南墙内侧底脚之间的宽度。脊高、跨度的大小及其相互配合决定了温室的采光保温性能。

在一定脊高条件下，随着跨度的增大，温室前屋面角随之减少。温室透过的太阳辐射也随之降低，跨度大一步，温度差几度。脊高与跨度的比例以（0.4～0.5）∶1为宜。近几年的实践表明，高效节能日光温室的跨度为6～7m，脊高为2.8～3.2m；或跨度为7～8m，脊高为3.6～3.9m。

（4）塑料薄膜的选用 高效节能日光温室都是采用塑料薄膜作为前屋面的透明覆盖材料。选用好的塑料薄膜对温室的采光有很大作用。目前使用的塑料薄膜主要是0.1～0.12mm的聚氯乙烯（PVC）、聚乙烯（PE）和醋酸乙烯（EVA）薄膜。

在生产中，温室上的薄膜常有灰尘、烟粒污染，内表面常附着一层水滴，这使薄膜的透光率大为减弱。所以要选择防尘、无滴的多功能薄膜。

（5）骨架材料与采光 竹木架的日光温室，由于骨架材料强度较低，所以材料的横截面较大，造成较多的遮阴。特别是由于必须设置支柱、横梁等建材，因而更加扩大了遮阴面积，个别温室的遮光率高达25%。因此，在温室设计中，应尽量使用强度大、截面积小的建材。使用钢筋或钢管为材料做拱架，不但截面积小，而且可以省去支柱和较大的腰檩，只用较细的钢筋做拉杆，连接各处单个的拱架，使之成为一体，所以，遮光很少，最好的遮光率仅为5%。

（6）其他设计

1）防寒沟。防寒沟是为了阻止和减少温室内外土壤热传导，在温室的四周或前屋面底角处挖的一条深50cm、宽40cm的沟，沟内填入柴草、牛粪或炉灰渣等导热率低的材料，上盖旧棚膜，再铺一层黏土，以防雨水渗入沟内而降低防寒效果。

2）进出口。进出口一般设在一端山墙上，出入口和气流缓冲间相通，并挂棉门帘保温。

3）蓄水池。北方地区冬季严寒，直接把水引入室内灌溉会大幅度降低土壤温度，使作物根系遭受冷害或冻害，严重影响作物生长发育和产量的形成，因此可在温室内山墙旁边修建蓄水池，以便冬季预热灌水。蓄水池的大小应根据温室面积而定，一般是长6m、宽1.5～2m、深1.5～1.8m。

4）气流缓冲间。气流缓冲间是在温室进出口建的一间房子，除缓冲进出口热量散失、作为住房或仓库用外，还可以让操作管理人员进出温室时先在缓冲间适应一下环境，以免影响身体健康。

5）卷帘机和卷膜器。日光温室前屋面，夜间覆盖草帘，白天卷起，人工卷起1亩日光温室的草帘最少需要1h，而用卷帘机，在3min内就可卷完，既省力又可以增加温室的光照时间。因此卷帘机是日光温室不可缺少的设备。

电机采用侧卷电动卷帘机，若减速箱为蜗轮蜗杆，功率为1.5kW以上；若采用斜齿轮减速箱时，功率为750W以上，卷轴选用1.5～2寸的镀锌钢管（ϕ37.5～50mm）。在温室中部安装一台电动机和减速机以操纵钢管传动，电动卷帘机卷放时间为2～4min。

通风口选用手动卷膜器通风，卷膜钢管为4分镀锌钢管（ϕ12.7mm），用塑料卡箍固膜。

6）灌溉系统。高效节能日光温室灌水最好是将深井水或自来水通过地下管道引入室内，灌水前注入蓄水池中预热，灌水时用水泵抽水。在室内地面全部覆膜的情况下，也可以设计安装滴灌，提高灌水质量和效率。

7）输电线路。若建高效节能日光温室群，在统一规划时要统一布置线路，输电线路布置要科学、规范、安全，不能影响作业。

三 建筑施工

高效节能日光温室目前尚属非规范化的简易建筑，施工比较容易，但要真正满足生产的要求，还必须要保证施工质量，严格按照设计标准施工。

1. 施工时间

施工时间因各地气候条件不同而各不相同，但要在使用之前施工完毕，并且使墙体充分干透。一般来说，在夏田作物收获后便可开始修建温室。

2. 墙体施工

施工前先平整场地，如果土壤过干，应该进行浇水，使筑墙用的土壤湿度合适。土地准备好后，再进行定点放线。放线是按照预定的方位沿后墙和山墙的厚度两边划定基线，撒上白灰，并在基线的尽头钉上木桩，作为标记。后墙和山墙应该垂直。高效节能日光温室的墙体，大部分以土墙为主。资金充裕的，也可用砖砌成空心墙。

（1）土墙 土墙的筑法首先是处理地基。如果地基处理不好，会影响墙的质量。处理土墙的地基时，将不返浆土层、原土夯实50cm即可。地基处理好后，即可开始筑墙，常用的筑墙方法是有板打墙和椽打墙两种。目前，多采用挖掘机筑墙，速度快、效果好。

（2）砖砌空心墙 采用砖砌墙体，一般适宜砌空心墙，因为空心墙既节省材料又能提高保温性能。地基处理与土墙相同。外墙一般为三七墙，内墙为二四墙，中间空心距离一般为8～12cm。砌墙时按一定长度在两墙之间放一块拉手砖，使内、外墙连接成为一个整体，以防胀肚倒墙。空心距离在12cm以上时，应填充隔热保温材料，一般多填充煤渣，便宜且保温效果好。砖墙砌到规定高度后，外墙再高砌30～60cm，其作用是便于后墙与后坡衔接，防止后坡的柴草滑出墙外。最后勾好墙缝，抹好灰面，防止透风。为了节省成本，还可采取砖土结合筑墙，即后墙砌成三七墙，墙外堆土；或者外筑土墙，内砌砖墙，中间留出空间成为空心墙。

（3）新型异质复合墙体 新型异质复合墙体是采用承重材料与高效保温材料（如岩棉板或聚苯板等）组成的复合墙体。在复合墙体中，由于保温材料所处的相对位置不同，有外保温复合墙体、内保温复合墙体及夹心保温复合墙体之分。轻质砌块（加气混凝土）墙体按照温室载荷设计，严格按要求进行设计和施工。

3. 后屋面施工

（1）立屋架

1）立脊柱。按照设计要求，确定脊柱位置，再挖柱坑，深约50cm，底面夯实，为防脊柱下沉，也可放置石头或砖块作为基石。柱坑挖好后，在墙对应的顶部，挖约60cm长的槽，上、下深度和宽度大约与横梁直径相同，以备搁放横梁。

2）确定脊高的水平线。方法是在东、西山墙的脊点之间挂线，以防挂线下落，可在中间预埋脊柱临时支撑挂线，按照脊柱高度加上横梁直径，确定脊高水平，之后进行脊柱预埋，并将横梁按照要求一头架在后墙上，一头架在脊柱上，再调整各个脊柱上下高度和左右前后的位置，即可确定横梁的水平位置；而后把土回填，固定梁柱，并在梁与柱衔接处用铁丝绑缚。梁柱是荷载承重的主要骨架，如果前、后、上、下、左、右水平高度不一，定位不准，会给屋面施工带来不良影响，所以位置要达到设计要求；为了防止屋面前倾和塌陷，柱梁必须平直，强度达到承受标准，同时脊柱顶端可以向内倾斜10cm以下，使屋面前后受力保持平衡状态。

3）后屋架的其他部分施工。因温室类型不同而有差异。琴弦式在梁柱架上不用檩条作为支撑构件，而是用8号铁丝，东西纵拉6

道，每道相距约20cm，两端经过山墙，固定埋在地下；为了支撑受力均匀，铁丝必须拉紧，各条松紧程度一致，切不可松紧不一。拉紧铁丝的方法是使用紧线器，不但省力、容易拉紧，而且松紧程度易达到一致。铁丝拉紧之后与横梁的所有接触点，都要按点固定，不可前后移动。

拱圆形温室后屋架在梁柱构架固定之后，先上脊檩，脊檩与脊檩的接头用榫卯接合，接点应正好在横梁顶面，按东西方向进行调整，保证直、平，再与横梁固定。脊檩的下部再放一道檩条，也可用椽子与横梁平行，一头固定在脊檩上，一头搁放在后檩上，椽与椽之间相隔15cm即可。拱圆形温室后屋架可以东西向纵拉8号铁丝，方法同琴弦式温室。

（2）铺后屋面 对于后屋面的铺设，方法是先在后屋顶表面铺置一层薄膜，长短与温室等长，宽度相当于后屋面的2.5倍以上，剩余部分平均留在屋面前后边缘等待使用。薄膜铺好后，将秸秆捆扎成捆，直径为20～30cm，再将秸秆顺坡向整齐排放，捆间挤紧，然后将两边剩余薄膜折回，将秸秆包严，屋脊前檐取直。在上面压干土18～20cm，踩实整平，再上草泥5～8cm。厚度达到50～90cm即可。要求秸秆高出后屋面，用干土压实后和屋面相平，干土和草泥的具体厚度根据温室承重能力灵活掌握。整个后屋面顶部成南高北低的斜坡，坡比为3∶20，坡面平整无缝。后屋面保温材料选用聚苯乙烯泡沫塑料板时，其容重不宜小于15kg/m^2，容重过小，施工过程中板材易掉角或破碎，制成的复合保温板的强度也会受到一定影响。选用聚苯乙烯泡沫塑料板保温，可以内铺一层石棉瓦，外盖用厚5cm的水泥盖板。水泥盖板间用水泥灌缝，并用防水材料处理。

4. 前屋面施工

（1）骨架安装 前屋面骨架包括拱杆腰檩（又叫拉杆）和支柱（即中柱与前柱）等。琴弦式的前屋面还有8号铁丝。因为结构类型不同，骨架安装方法也有差别。

1）有柱式温室前屋面骨架安装：

第一步是按设计的距离立支柱。其方法与立后屋面的脊柱基本相同。不同之处是支柱一般要求与地面垂直，但有的前支柱向南倾斜，与地面形成70°~80°的角度。支柱埋入土中的深度为40~50cm，坑底整平并夯实，放入基石。

第二步是支柱角。上架设拉杆（腰檩），拉杆与支柱连接方法与脊檩相同。支柱与拉杆安装好后，再进行一次调整，使拉杆的位置高低、前后均在一条水平线上。

第三步是绑拱杆。先绑每间立柱上的加强拱杆或加强桁架，注意使拱杆的角度和弧度达到设计要求，然后在两道加强拱杆之间均匀地架设3~4道小竹竿或竹片，先把上部的一根竹竿或竹片的根部用铁丝或钉子固定在脊檩上，下边一根埋入土中，两根竹竿或竹片的梢部在中间重叠相接。为了使拱竿整齐一致，各个竹拱均在一条直线上，在埋设时应向南稍加倾斜，再反折回来固定到拉杆上才有撑力，而且容易形成理想的弯度，压膜线才能把薄膜压紧。还有的在埋竹拱的地方先钉进木桩，把竹拱绑在木桩上再向回弯曲。全部拱竿调整整齐一致后，把竹拱重叠部分绑牢，随后用铁丝把竹拱与拉杆绑缚牢固。

2）琴弦式温室前屋面骨架的施工方法。在支柱上的加强拱杆架好之后，按东西方向拉放铁丝，铁丝间距为40~50cm，在东西山墙顺山墙设衬墙木，以防铁丝陷入墙体而拉塌山墙。用紧线器拉紧铁丝并固定在山墙外侧的坠石上。坠石埋在地下1.5m深处。

3）无前柱拱圆式结构安装。在脊柱位置先架一个钢管拱架，一般间距为3m，使其达到设计的高度、跨度与弧形。钢管上端与后屋架接点可先不要固定，以便日后调整。钢管拱架埋入土中的部分可以直接插入土中，也可套插预埋在土中预制件的钢筋头上。待全部钢管拱架安装好后，再在两拱之间安装3个钢管拱架或4片竹拱架，间距为60~75cm。全部拱架安装好以后，再统一调整使其整齐。东西向绑上拉杆，使前屋架固定为一个整体。

4）装配式屋面。根据图纸用各种卡具把拱杆、横向拉杆、卡膜槽、棚头、门、通风装置等组装而成。

采用焊接钢桁架或钢管拱架时，所有屋面钢构件应严格进行除锈，并刷两遍防锈漆。使用过程中，每年都得除锈，刷防锈漆。否则，其使用寿命将会受到影响。

（2）薄膜烙合与覆盖

1）薄膜的烙合。如果薄膜的幅宽不够，使用前按照使用要求，要烙合成整块才能覆盖。烙合方法：先准备一条长2～3m、宽5～8cm、厚3～4cm的木条，把木条固定在长凳上，木条用布或牛皮纸包裹。烙合时一人负责把两幅薄膜边缘重合5～6cm，放在木条上，一人在膜上放一条厚牛皮纸盖上烙合面，一人手执电熨斗从上面缓缓熨过。烙合聚乙烯膜温度为110℃，聚氯乙烯膜为130℃。熨斗熨过后，轻轻揭开牛皮纸，提起薄膜，再烙合下一段。如果温度过低不能黏合时可重复进行，直到黏合为止。烙合时温度高，熨斗就运动快一些，但要防止温度过高损坏薄膜。

2）覆盖薄膜。薄膜的宽度要比前屋面宽1m以上，以便上下都固定。薄膜长度应比温室实际长度短1m左右，以便在扣膜时能够拉展膜面。扣膜应选晴朗无风天气10：00以后进行，先将膜展开，待晒热后再拉直。为使薄膜拉紧绷展，在薄膜东西两头缠上小竹竿以便操作，拉时两头不少于6人，同时操作，拉紧后先将一头越过山墙，在外部下面10～20cm处固定在东西横拉的8号铁丝上，然后再将另一头拉紧，按同样方法固定。为保护棚膜，可事先在山墙顶衬上旧草帘。东西方向固定好后，再固定上下薄膜。

薄膜上面还要用压膜杆或压膜线固定，以防大风吹破薄膜。琴弦式温室用直径1～2cm的竹竿作为压膜杆，在膜上沿垫杆放好后，用18号铁丝穿透棚膜把垫杆和压膜杆绑在一起，每根竹竿绑2～3道铁丝，靠近屋顶预留约30cm，以便通风。铁丝穿膜时，一定要小心，穿孔越小越好，否则会影响保温，甚至引起膜面撕裂；拱圆形温室一般都是采用压膜线固定薄膜，覆盖薄膜后，在每间温室拉上压膜线，压膜线最好用特制的塑料压膜线，上端固定在事先准备好的固定压膜线上端的木杆上或铁丝上，下端固定在前底脚预埋的地锚上。压膜线必须压紧，才能保证薄膜在大风天不受损坏。

（3）开设通风口 目前均采用自然通风，即用通风口（窗）来进行室内外空气的交换。一般的通风口设在塑料薄膜屋面上。设置通风口要掌握三点，一是通风口不能形成“扫地风”，以防冷风伤寒，因此风口要在地面1m以上开设；二是不放“过堂风”，即上下风口要左右错开设置，使通风均匀；三是要防止雨水滴入，减少病菌侵入和使室内湿度过大。通风口一般分上下两排，上排应设在膜面最高处，下排通风口设在离地面1m处。

目前比较常用的通风方法是扒缝放风，在盖膜时必须预先留好位置。在热合薄膜时，可以做成两块膜一道缝，或者三块膜两道缝。前一种下面一块膜宽6m，上面一块膜宽1.3～1.5m，这种一道缝只有上放风口，对要求通风量大的作物不适宜。三块膜时，底下一块膜宽1.5～2m，中间一块膜宽5m，上边一块膜宽1.3～1.5m，这种方法上、下都可开放风口，通风量可按需要调节，对于种植各种作物都比较适宜。扣膜前，应把留缝位置两块塑料薄膜边缘都卷回5～6cm，用黏合剂或电熨斗烙合成直径为3cm的筒，下面一块膜顺筒穿入6号铁丝固定，上面一块膜顺筒穿一根绳用于放风，扣膜时上边一块压着下边一块，重叠20～30cm，呈覆瓦状；东西拉紧，固定到山墙的外面，并在棚膜拉紧后把几块膜压紧。放风时扒开两块膜间的重叠部分即显露出开口。进入春季需加大通风量时，还可把拴在山墙外的绳头放松，这样可以把缝子扒大一些，加大通风量。

5. 防寒沟与保温材料

（1）防寒沟 一般设在前屋面基角下，沟宽为30～40cm，深度与当地冻土层等同，沟内填充柴草、树叶、牛粪等，上面盖上旧薄膜、用草泥或用土封口，以防止水分侵入，可以阻挡内外热量的交换。

（2）进出口 进出口门设在避风一面的山墙北端，正对室内走道。门的大小以操作人员进出方便为度。为了防止热量对流损耗，门外应设缓冲间，并可兼作住房和工具室。

（3）保温材料 保温草帘的质量好坏与高效节能日光温室的保温有直接关系，必须掌握一定技术才能编制合乎标准的草帘。

草帘要求薄厚均匀，厚度约为5cm，草把紧密，没有缝隙，绳子缚紧，不掉草叶。草帘可用草帘机编制。打草帘前，选用两根比草帘宽度（2m）略长的木棍，按照草帘的长度（8m）固定在平地上，再把7条大径按间距20～25cm，紧绑在两根木棍上，然后把小径湿水后与大径一头连接。编制时，把草整好，单把用手紧握，粗细均匀，一般直径为5～6cm，从头开始，把草把捆缚在大径上，草把两端距边缘的大径约为10cm，打好一把再向前递换一次，直到终点，再把绳头绑好，利用剩余的麻绳做成两个环状的“抓手”，编制即结束。晒晾干后，即可使用。

目前，许多单位研究并生产了不同规格型号的保温被，一般来说保温被由3～5层不同材料组成，由内层向外层依次为防水布、无纺布、棉毯或其他隔热材料、镀铝反光膜等，几种材料用一定工艺缝制而成。保温被具有保温性能优良、重量轻、防水、寿命长、卷帘方便、劳动效率高等优点，可以选择应用。

6. 卷帘机的安装

利用机械卷帘，可延长光照时间，提高产量，另外草毡也不易被损坏和被风吹起，可延长使用1～2年。

（1）备料 每60～80m长度的温室可安装一套卷帘机，其用件是：

1）1:40卷帘机变速器1台和1.5kW电机1台。

2）直径2寸轴60～80m（卷轴）。

3）直径4寸卷帘支柱16m（V形，中间用转轴连接，一端连接在卷帘机支座上，另一端用转轴连接在地面基座上）。

4）倒顺开关1个。

5）草毡宽1.3～1.5m、厚4～5cm（也可选用保温被）。

（2）安装 先把支架固定于温室前面1m处的地面上，结构固定牢固。草毡顶端固定在温室顶部，草毡下部用铁丝固定在卷帘器的卷轴上。变速器与电机相连置于温室中部，变速器卡在轴承上，倒顺开关置于电源线上即成。

另外，若安装电机自动控制仪器时要把卷帘机工作行程转换开关与限位挡板对应固定好，其他元件安装到一块电路板上装配电盘内即可。调试工作最好结合环境实际，直接用早晨和傍晚的光照强度调整，如果结合阴天、雨天调整，控制灵敏度会更高，需更加细心地反复调整。自动卷帘机控制卷帘省工、省力，有利于实现规模化生产。

（3）注意事项

1）运行时操作人员站在温室前，掌握开关不得远离。

2）草毡长短一致，下面用钢丝穿在一起，上面固定。

3）电线与草毡分开，以防电线卷入扭断。

4）草毡拉到最高处及时停机，以防过紧或轴架损坏等。

四 高效节能日光温室的其他技术

1. 保洁

光照是高效节能日光温室生产管理的主要环节，对棚膜表面的灰尘、碎草等杂物，及时清除，保持膜面清洁。清扫可根据具体情况进行，一般3～5天清扫一次。

2. 张挂反光幕

温室内张挂反光幕是温室内人工补光采取的一项投入少、见效快、方法简便、节能、无污染、能显著改善地表与空中照度、提高收益的有效措施。张挂的方法是将1m幅宽的反光幕用透明胶布粘接成为2～3m宽、与温室长度相等的反光幕，在中柱处或者后墙上，东西方向悬挂，太阳光照到反光幕上以后，可以被反射到葡萄植株或地面上，改善了光照条件。

3. 人工照明补光

在遇到连续阴雨天，需进行人工补光。每天应以4.3W/m^2的照明补光18h。所用的光源有荧光灯（100W）、水银灯（350W）、卤光灯（400W）、钠蒸气灯（350W）、LED强光灯（省电、光照强、使用寿命长）等。

4. 增温措施

温度对设施果树的生产尤为重要，寒流降温天气，预计到灾害天气可能出现的时候，在夜间就要人工临时增温，以防发生冻害。常用加温设施有：

（1）火炉　有永久性的砖砌地炉和临时加温用的铁炉。其燃料为煤，对加热用的煤炭要求不严，一般烟煤都能使用。使用时一定要安装烟囱，以免发生有毒气体对人或者葡萄的伤害。

（2）电热加温设施　有空气加热和地热加热两种方法。即把电热装置放于棚内或把电热毯埋于地表。

（3）热风炉 该设施通过输送加热后的空气来提高棚内的温度，空气预热时间短、升温快、易操作、性能较好。但要注意出风口不要直接对准果树，以免高温烤伤树体。

5. 降温管理

在室内温度超过高限时就应及时进行降温。降温管理主要是通过自然通风散热来降低室内的温度。通风量的大小主要根据温度状况确定，室内装置温度计，以供随时观察温度变化，作为管理依据。

6. 气体环境及其调控

高效节能日光温室气体环境及其调控主要包括二氧化碳施肥、预防产生有毒气体、有毒气体的排放等。

7. 灾害性天气及其对策

高效节能日光温室葡萄栽培，主要在冬、春季节进行，生产过程中难免遇到天气反常等灾害性天气，若不及时采取措施，产量往往会受到影响。灾害性天气有大风、暴风雪、寒流强降温、连续阴天和久阴骤晴。遇到大风天气，应及时检查，把草帘压牢，将被风吹开的草帘拉回原处，在底脚处设法固定，如用大石、木棒等进行固定。

下雪天气一般温度不是太低，为防草帘被浸湿，可夜间放下草帘，白天及时扫除积雪卷起草帘，到下午清扫积雪后再放下，但外界温度太低的情况下不宜卷起草帘。

8. 土壤盐渍化及预防措施

在设施条件下，由于蒸发量大、过量施肥、土壤黏重板结对盐分缓冲能力减弱等原因使盐分浓度大大的高于露地，土壤盐渍化程度加剧，因此必须采取措施预防设施内土壤盐渍化。

（1）增施有机肥，提高有机质含量 施充分腐熟的有机肥，提高土壤有机质含量，增加土壤缓冲能力，是防止盐分积累、减轻盐渍化的根本途径。每亩设施葡萄每年至少施用3000kg以上优质有机肥。

（2）合理施肥 设施栽培果树，由于自然降雨的淋溶作用减轻，无机肥料（化肥）的有效利用率提高。因此各种化肥的使用数量应较露地减少1/2～2/3，同时注意选择无机肥的种类。由于硫酸铵、硫酸钾等肥料中，酸根离子不易被吸收而滞留于土壤中，引起盐分浓度上升，而磷酸铵、磷酸钾等肥料，离子吸收完全平衡，易被土壤吸附，不会引起土壤盐分浓度上升。

（3）及时揭膜，增加淋溶 设施生产，在浆果成熟或采收后，只要外界条件允许，应及时揭膜放风，增加自然降雨的淋溶机会，以减少盐分积累。

（4）地表覆盖与合理灌溉 在温室内覆膜、覆草等以减少地表蒸发，在葡萄浆果发育季节，采用滴灌，葡萄采收后，每年采用3～4次大水漫灌进行土壤洗盐。

（5）在棚室内埋设排盐管或附近挖排水沟 在温室内部中间，东西方向埋设排盐管道，先挖宽40cm、深100cm的沟，内放直径30cm的水泥渗管或者带孔的塑料管，然后用粗砂或细石子填满空隙，高度高出排盐管10cm，然后将土回填；排盐管的出水口通到温室外的排水沟。在温室外3～4m处东西方向挖深1.5m的排水沟，大水漫灌后让水流到排沟中排走土壤中过多的盐分。

（6）土壤改造 用肥沃新土换掉已盐渍化的土表浅层15～20cm厚的旧土。改造时要注意保护果树根系，尤其是粗大根系。在施用有机肥时，每亩设施葡萄园每年使用50kg的硫黄粉或者700kg的脱硫渣或者石膏可有效地降低土壤中盐分含量。

第二节 设施葡萄的栽植

一 品种选择原则

1）设施葡萄生产，主要是供鲜食需要，因此一般应选择果粒大、果穗紧、不易脱粒、色泽艳丽、果粒大小一致、品质好、丰产、耐储运的品种。

2）品种易形成花芽，花芽着生节位低（3～4节），对环境条件适应性和抗病性强。

3）在设施栽培中，为使浆果提早成熟上市，一般选择需冷量少、休眠期短的极早熟、早熟或中熟品种，浆果发育期为60～90天。对于延后成熟（浆果在10月中旬～12月成熟上市）的，可以不考虑需冷量的多少及休眠期的长短，只要是极晚熟品种或易多次结果延后成熟上市的品种均可，一般浆果发育期为150天以上。

在薄膜日光温室条件下，早熟品种从萌芽到浆果成熟的总生长天数为110～120天，其中从萌芽到开花为40～45天，从开花到浆果充分成熟为70～75天。中熟品种的总生长天数为130～140天，其中从开花到浆果充分成熟为85～90天。设施葡萄生产者应根据当地市场葡萄消费需求，合理选择品种与设施结构，调整葡萄上市时间以获得最大经济效益。

4）建议发展欧亚种和欧美杂交种优良品种，因为这类品种的含酸量低，肉脆味甜，品质优良，色泽鲜艳，有鲜红、紫红、黄、绿黄色等。

二 栽培制度

目前设施葡萄栽培制度有两种，一是正常栽植，即栽一次管理多年，与露地栽培一样；二是一年一栽，即在4～5月上旬先将苗木栽在营养袋中，5月下旬～6月上旬，头年栽植的植株采收后，全部拔除，立即将营养袋植株移入温室定植（移入后除袋）。

三 栽植形式

1. 日光温室葡萄的栽植形式

（1）南北行篱架栽植 适用于宽7～8m、高2.5～3m的温室，一般采用南北行向，以双壁篱架栽植为主，实施双行带状栽植，即窄行距50～60cm，宽行距2m左右，株距40cm左右，每亩栽300株左右。也可按行距2m、株距1m，每亩栽200～330株，采用篱架和单臂水平整枝，利于规范管理，便于间作。

（2）东西行棚架栽植 适用于南北宽6.5～7.5m、高2.5～3.5m的日光温室。东西行栽植，株距为1～2m。采用倾斜式棚架和独龙干整枝。棚架顶距离温室塑料薄膜大于50cm以上。每亩栽植90～110株。全部植株都处于最佳的光照和温度条件下，能生产出高质量的优质葡萄。

（3）东西行棚篱架混栽 在距离温室前屋面前沿1m处按株距0.75～1m栽植，采用倾斜式棚架和独龙干整枝，在距后墙1～1.5m

处栽植单行篱架，组成梯形棚篱架。也可以把主蔓长控制在3m以内，在温室内东西方向栽植双行梯形棚篱架。

（4）棚架加临时篱架栽植 在距离温室前屋面前沿1m处按株距1.5m栽植，采用倾斜式棚架和独龙干整枝，然后在棚内进行南北行栽植，行距为1.5m，采用篱架整形，为临时补产用，可生产2~3年，待大棚架葡萄枝蔓布满架面时，刨除临时篱架。

2. 塑料大棚葡萄的栽植形式

（1）南北行篱架栽植 适用于8~14m宽的大型无柱钢架塑料大棚，按行距1.5m、株距1m定植。可采用小扇形整枝。

（2）南北行屋脊式棚架栽植 适用于8~14m宽的大型无柱钢架塑料大棚。在东西两边1m处，南北行按株距0.5~0.8m各种栽1行葡萄。采用棚架独龙干整枝，两个棚架相对成屋脊形。

（3）南北行飞燕式棚架栽植 适用于8~10m宽的大型无柱钢架塑料大棚。在大棚的中央按行距0.8m、株距0.5~0.8m栽两行葡萄。采用棚架和独龙干整枝，两个棚架向大棚两侧展开成飞燕形。

四 栽植方法

栽植时根据株行距挖深60cm、宽1m的定植沟，按每亩施用充分腐熟的优质有机肥5000~8000kg、复合肥80kg、饼肥200~300kg，与土混拌均匀填入定植沟内，然后将芽眼饱满、生长健壮的一年生苗或营养袋中培养的大苗，按株行距栽好、浇水，然后覆膜。

第三节 设施葡萄栽培的管理

一 温度管理

大棚、温室内的温度管理是设施葡萄生产的关键，它保证植株不受低温或高温的危害，满足葡萄各个生长发育阶段对最适宜温度的要求，使之顺利完成整个生长过程，并能按计划，生产出高品质的葡萄。

1. 揭、盖薄膜时间

（1）盖膜 一般在初霜冻到来之前盖膜，以保护葡萄叶片，延长叶片光合作用的时间，使浆果和枝蔓充分成熟。由于各地的气候条件不同，盖膜的时间有差异，根据各地的经验，在秋季夜晚温度低于10℃时，即9~10月开始盖膜。在盖膜期间，要根据棚内温度变化情况，随时开窗或揭开部分薄膜放风，以调节棚内温度。

（2）揭膜 揭膜的时间一般要在晚霜过后，露地的白天气温稳定在20℃以上时进行。具体时间为5月下旬~6月上旬。揭膜时，先揭去棚缘部分薄膜，使棚内气温与露地的基本一致后5~10天，再将棚面的膜全部去掉。

2. 揭、盖草帘时间

大棚盖膜后，当棚内夜间气温下降到5℃以下时，就要在夜间盖帘保温，白天再将草帘揭开。使棚内气温继续维持在较高的水平上，以保证葡萄浆果和枝蔓芽眼的充分成熟。盖帘开始后，要在日出后1h揭帘，日落前1h盖帘，以提高保护设施内的保温效果。

大棚内葡萄落叶并完成冬剪后，直到第二年升温前这段时间不要揭帘，使葡萄植株在低温黑暗条件下休眠。冬季气温最低达-20℃以下的地区，在葡萄休眠期内还必须埋土防寒，棚内的埋土厚度为10~20cm即可安全越冬。埋土防寒后，立即加盖草帘。

3. 揭帘升温催芽

葡萄的自然休眠期一般要经历1~2个月，在12月上旬至第二年1月上旬大部分葡萄品种的休眠基本结束。薄膜日光温室在此时即可揭帘升温催芽，即白天9：00揭开草帘，15：00~16：00再盖上草帘，以促使棚内温度逐步提高。这样的升温催芽一般要经过30~40天，芽眼才能萌发。生温的步骤如下：

第一周：白天为15~20℃，夜间为5~10℃。

第二周：白天为15~20℃，夜间为10~15℃。

第三周以后：白天为20~25℃，夜间为20℃左右。

有30天左右的时间，芽眼便可萌发。特别注意的是，升温催芽不能过急，温度应该逐步提高，如果升温过高过快，地温一时还上不来，根系活动还没开始，养分供应不上，将造成芽眼萌发不齐、花序发育不良等问题。一般加温时间为1~1.5个月即可，最多不超过2个月。

为了提高棚内的地温，可采用在植株周围的地面铺盖塑料薄膜，以达到提高地温及保温的目的。

4. 萌芽至开花期的温度调控

萌芽至开花期的生长天数一般为40～45天，如棚内气温上升缓慢，这段生长期的生长天数有时可延长到55～60天。在这段时间，葡萄新梢生长迅速，花器仍继续分化，为防止新梢徒长，在新梢生长期间，白天的温度控制在20～25℃，夜间以15～20℃为宜。进入开花期前后，温度应稍为提高，白天控制在25～28℃、夜间18～20℃，以满足开花、坐果对温度的需要，保证授粉、受精过程的顺利进行。

【提示】 在葡萄开花期间，要严密监控设施内的温度，白天设施内最高温度不得高于28℃。

5. 果粒膨大期的温度调控

为了促进幼果迅速膨大，棚内的白天气温适当提高，白天控制在28～30℃，夜间控制在18～22℃。要特别注意通风，棚内白天的温度不超过30℃。

晚霜过后，露地气温稳定在20℃以上时，便可将棚膜去掉。

到进入浆果成熟期，为增加树体的营养积累，提高葡萄糖分，可加大昼夜温差（达10℃左右），因此，白天控制在28～30℃，最高不超过32℃，夜间温度逐渐下降到12～15℃。在寒冷地区，若葡萄尚未完全成熟，露地气温已开始下降，为保证浆果和枝蔓充分成熟，则应及时盖膜保温。

二 土肥水管理

1. 土壤管理

温室是集约栽培的场所，为了充分利用设施内的土地和空间，提高经济效益，设施葡萄栽培多采用小株密植与葡萄行间作的形式提高土地利用率，因此，对棚内的土壤也提出了更高的要求。设施葡萄栽培的土壤要求采用有机质含量高，土层深厚、疏松、肥沃，通气性好，保水力强，排水好的沙壤土和壤土。

设施葡萄栽培时，除在种植前开深沟施入大量优质有机肥和过磷酸钙作为基肥外，每年在采果后，还应结合行间深翻，施入有机肥，为葡萄根系的生长发育创造良好的土壤条件。设施栽培施底肥一般应在10月上旬进行。

2. 肥料管理

（1）幼树 当新梢长到40cm左右时，每亩追施复合肥20kg。8月中旬以后，每15～20天喷施1次0.3%磷酸二氢钾或者其他叶面肥等肥料，促进植株生长和形成花芽。至10月落叶前，施充分腐熟的有机肥2000～4000kg、复合肥15kg、饼肥100kg，充分混拌均匀后再施入。

（2）正常结果的葡萄 在温室升温后、葡萄发芽前，亩施复合肥30kg、尿素20kg。在开花前，喷布0.2%硼砂溶液。在谢花后浆果膨大期，追施复合肥35kg、磷酸二铵20kg。当浆果开始着色时，追施硫酸钾25kg、过磷酸钙10kg，也可以叶面喷施磷酸二氢钾等叶面肥料，促进浆果着色，提高含糖量。在浆果采收后，亩施复合肥30kg、尿素20kg，以利于树体恢复树势。10月落叶前，施充分腐熟的有机肥2000～4000kg、复合肥25kg、发酵好的饼肥100kg，充分混拌均匀后再施入。

3. 水分管理

设施葡萄的水分管理非常重要，不但对葡萄的生长发育，特别是对催芽、坐果和浆果品质的影响很大，对控制棚内病害的发生、生产绿色果品关系十分密切。

（1）萌芽期 葡萄萌芽期要求高温多湿的环境，需水量多，土壤含水量宜达70%～80%，所以在升温催芽开始时，要灌1次透水，并在水分渗入土中后，松土深10cm左右，整平，再铺上地膜（植株基部两边各铺约50cm，共宽1m左右）保水，并可提高地温。此时，棚内空气相对湿度应保持在70%～80%。这样，葡萄发芽快，萌发整齐。

（2）新梢生长期 新梢生长期为防止新梢徒长，利于花芽分化，要控制灌水，注意通风换气，使棚内的空气相对湿度降至60%～70%。

（3）开花期 开花期前后，为保证开花散粉的正常进行和减少病害发生，要求空气干燥，不需灌水，否则易造成大量落花，要求在开花前15天左右灌1次透水，并经常通风换气，使棚内的空气相对湿度降至50%～60%。

（4）浆果膨大期 浆果膨大期需水量大，为了促进果粒迅速增大，在谢花后25天以内，灌1～2次透水，使土壤含水量达到70%～80%，棚内空气相对湿度控制在70%左右。

（5）着色期 浆果着色期开始，直至采收期以前，要控制灌水，以利于提高浆果的含糖量，促进着色，棚内的湿度应控制在60%左右。

（6）成熟期 成熟前20天以内，禁止灌水，以促进成熟，防止裂果，棚内的湿度应控制在60%左右。

（7）采收后 采收后，结合施肥，要立即灌水，以促进树势的恢复。

（8）休眠前 植株落叶并修剪后，要灌1次水，以防冻和冬季土壤干旱，使棚内的葡萄植株安全越冬。

棚内湿度的调控，主要通过灌水增湿，以铺膜和通风换气来降湿。棚内湿度过大时，则应加大通风口，换气降湿，或在灌催芽水后，在地面铺盖地膜，以减少水分蒸发，降低棚内湿度。

三 新梢管理

大棚、温室葡萄的新梢管理与露地葡萄的新梢管理大致相同，但应注意防止新梢徒长或生长不整齐，以便稳定树势，提高产品质量。

1. 抹芽

大棚、温室内葡萄的新梢生长常不整齐，一般要等待新梢能分清强弱、辨认出花序有无和大小时进行抹芽。

抹芽时，去掉过强和过弱的新梢，保留生长较适中的结果枝结果。但对有碍整形、徒长和无用的萌发新梢应尽早抹去，以节约养分。

2. 定梢

定梢是确定架面上新梢负载量的措施，留枝的多少会直接影响到葡萄果品的产量和品质。大棚、温室葡萄的产量一般要比露地的低，单位架面的留枝密度，要比露地的减少 1/3 左右。

大棚、温室内的欧亚种品种，每亩产量以 750 ~ 1000kg 为宜。在冬剪时，每平方米架面可留 6 ~ 7 个结果新梢，每个结果新梢留 1 个果穗，果穗要求平均重 350g 左右。

大棚、温室内的欧美杂交种品种，每亩产量以 1000 ~ 1500kg 为宜，每平方米架面可留 5 ~ 6 个结果新梢，按顶端壮枝留 2 个果穗、中等枝留 1 穗、弱枝不留果，果穗平均重为 500g 左右。一般结果新梢之间的距离以 15 ~ 20cm 为宜，以保证架面的通风透光和果品的质量。

3. 绑缚

大棚、温室葡萄种植密度大，新梢生长迅速，及时将其引缚在架面上，使棚内的通风透光条件一直保持良好状态，因此，设施葡萄比露地更加重视引缚，一定要按整形的要求，将所有保留新梢在架面上绑好。

4. 摘心和副梢处理

为了提高坐果率，结果新梢一般在开花前 7 ~ 10 天摘心。一般在花序以上留 4 ~ 6 片叶摘心，摘心后萌发出的副梢除留新梢顶端的 2 个副梢以扩大叶面积外，其余的全部抹去。对一些结实率很高的欧亚种品种（如京秀、京蜜等），可在谢花后摘心。

四 果穗管理

大棚、温室生产的葡萄，对果穗的形状、果粒的大小和整齐度、着色情况和风味品质都有较高的要求，甚至把果皮上完好的果粉也作为果穗品质的重要条件之一。因此，必须根据树势，做好疏穗、果穗修整、疏粒等工作。

1. 疏穗

设施葡萄，每个健壮结果枝（包括壮枝和中庸枝）只保留 1 个果穗，多余的花序应及早疏去。留小的比留大的有利于果穗修整。

2. 果穗修整

果穗修整是培养穗形美观、提高浆果商品价值不可缺少的技术措施。这对落花落果严重和坐果稀疏的大粒品种尤为重要。在开花前 1 周左右，先将花序上的副穗掐去，再根据花序的大小，把主穗上的大分支掐去 2 ~ 5 个，并将主穗的穗尖掐去（掐去整个主穗长度的1/5~1/4），然后再对花序进行修整，最后使修整过的花序保有14个左右的小分支，花序的外形呈圆锥状即可。

3. 疏粒

将果穗上的小果粒和畸形果粒疏去，并通过限制果穗的果粒数，使果粒增大，颗粒均匀，果穗整齐美观，提高浆果的商品价值。一般在浆果膨大期先把小果粒疏去，保留大小均匀一致的果粒，再将影响穗形的、过密的果粒剪去，个别突出的大果粒也要疏去。大粒品种，每穗保留40~60粒；小粒品种，每穗保留50~80粒。这样培养成的果穗符合高档商品果的要求。

4. 套袋

套袋的目的在于保护葡萄果穗不受尘土、农药、泥土等污染，经套袋的葡萄，果面清洁美观，果粉比较完整，符合高档商品果的要求。

套袋一般在疏粒后进行。套袋前，应对已疏好粒的果穗喷1次800倍的大生杀菌剂和2500倍的吡虫啉杀虫剂，待果面药液风干后，即可将袋套上。纸袋应采用白色、薄而结实、不易破裂的纸来制作，袋长30~40cm、宽17~20cm，视果穗的大小而定。套好后袋子的上口要扎紧，并固定在老枝上，下口的两角要分别剪一个小洞，以便袋内空气流通。

五 病虫害防治

在萌芽前要剥去成龄植株主蔓的老皮，以消灭在老皮里越冬的害虫成虫和虫卵及病菌和病菌孢子（剥下的老皮要用报纸或塑料布接着，便于集中烧掉，不要撒在地面上）。

在葡萄落叶后、萌芽前，全棚内喷3~5波美度石硫合剂，以彻底消灭越冬虫卵和病菌孢子。喷药时，不要把药液喷到薄膜上，以免薄膜沾上药液，影响阳光的透射。在葡萄生长结果期间，出现某种病害或虫害，参见第九章葡萄病虫害防治技术进行防治。

六 越冬管理

当气温逐渐下降，早霜即将来临，葡萄叶片由黄化到脱落，这预示着植株很快就要进入冬季休眠。为了使大棚、温室内葡萄安全越冬，必须做好以下工作。

1. 冬季修剪

冬季修剪的时间应在葡萄叶片落完后进行，根据具体情况采用适宜的架形进行修剪。

2. 防寒

冬剪结束后，先将用作第二年繁殖的插条按50支或100支捆好，挂上品种名，沙埋在室外储藏。再把无用的枝条、叶片及病枝、烂果等打扫干净，清出棚外，集中烧毁。然后给葡萄植株灌一遍冻水。

在冬季最低气温在-18℃以上的地区，薄膜日光温室内葡萄不需要埋土防寒，只需要将保温材料覆盖在塑料薄膜上，让葡萄植株在黑暗低温条件下充分休眠越冬。若塑料大棚内冬季的最低气温可下降到-15℃以下的地区，为了保证大棚植株的安全，必须埋土防寒。经冬剪、清扫、灌水后，先将植株主蔓顺放在种植沟内，在根颈处垫上枕头土，以免折断主蔓，随后将枝蔓捆好，让其紧贴地面，再在枝蔓上盖两层草袋片，经1周左右的抗寒锻炼后，在草袋片上覆土10~20cm即可安全越冬。防寒做好以后，把整个棚膜盖好、修补好，把棚的门封严，等待来年上架、升温。

第四节　设施葡萄的整枝与打破休眠

一　设施葡萄的整枝

设施内栽培的葡萄，一般不需要埋土防寒，其整形方式原则上可以不受限制，但我国目前种植葡萄的设施比较简陋，设施内部高度偏低，种植密度又大，为有利于植株的通风透光和管理上的方便，需要采用适宜的整枝方式。

1. 单臂单层水平整枝

适用于日光温室和塑料大棚的篱架种植（图6-3）。具体方法是：

按株距1m定植，定植苗萌发后，选留1个健壮新梢培养成主蔓，待新梢长1.5~1.6m时摘心；摘心后副梢萌发，将基部50~60cm以下的副梢全部抹去，60cm以上的副梢留2~6片叶摘心，冬季修剪时，将主蔓上的副梢全部剪去，只留1条1.5~1.6m长的主蔓待第二年结果。

图 6-3 单臂单层水平整枝

第二年春季，将主蔓从南向北绑在距地面 60cm 处的第一道铁丝上。在新梢萌发后，将主蔓基部 60cm 以下的萌发芽的枝蔓全部抹去，60cm 以上留 4 ~ 5 个新梢结果，并均匀地将其绑在架面上。冬剪时，在每个果枝基部留 2 ~ 3 个芽（基口芽不计在内）进行短剪。

第三年，在每个短结果母枝上留 1 ~ 2 个结果枝结果。冬剪时仍留相同数量的 2 ~ 3 个短结果母枝以备下年结果，树形即告完成。之后按第三年的方法继续培养。

但在剪留短结果母枝时，应尽量选用近主蔓的健壮结果枝，以防结果部位外移。如果下部结果枝较细，不得不留上部果枝作为结果母枝时，则在留上部的结果母枝外，将下部较弱新梢剪留 1 个芽作为预备枝，让其形成 1 个健壮新梢，待下一年冬剪时，把上部果枝全部剪去，将预备枝剪留 2 ~ 3 个芽作为结果母枝，供来年结果。

2. 双臂单层水平整枝

适用于日光温室南北行篱架种植（图 6-4）。

具体方法是按株距 2m 定植，定植苗萌发后，仍选留 1 个健壮新梢培育为一侧主蔓，待新梢长 0.8 ~ 1m 时摘心，摘心后副梢萌发，即在新梢距地

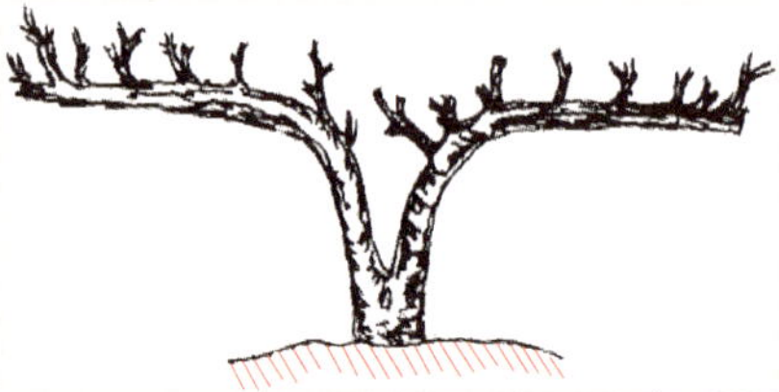

图 6-4 双臂单层水平整枝

面约40cm处，选留1个生长健壮的副梢培养成另一侧的主蔓，其余萌发副梢位于此副梢以下者，全部抹去，位于此副梢以上者，除顶端1个留4~6片叶摘心外，其余均留1~2片叶摘心，以保证选留副梢的健壮生长。待选留副梢长到1m时摘心。二次副梢的摘心处理，除顶端1个长到30cm左右再摘心外，其余的一律留1~2片叶摘心，以促进枝蔓加粗生长。并有利于促进枝蔓成熟和芽眼的花芽分化，为第二年结果奠定良好基础。冬季修剪时，将副梢全部剪去，树形即基本完成，以后的培养同单臂单层水平整枝。

水平整枝的优点是，树形结构简单，整形修剪技术易于掌握；树势均衡，枝蔓生长均匀，坐果率高，果穗较紧密，浆果品质与着色均好；管理方便，通风透光好。

3. 龙干整枝

适用于日光温室和塑料大棚的棚架种植。龙干整枝通常有独龙干和双龙干两种整枝形式，在设施葡萄栽培中，一般多采用独龙干整枝（图6-5）。

图6-5　龙干整枝

具体方法是按株距1m定植。定植苗萌发后，选留1个粗壮新梢培养成主蔓，待新梢长到2~2.3m时摘心，副梢长出后，除顶端1个副梢延长，待其长到50cm左右再摘心外，其余距地面70cm以下的副梢全部抹去，距地面70cm以上的则根据粗度做不同处理，粗的（直径0.7cm以上）留4~5片叶摘心，细的留1~2片叶摘心，二次副梢的处理按上述方法进行。冬季修剪时，将主蔓上的副梢全部剪去，每株只保留1个长2～2.5m的健壮主蔓结果。

第二年，芽眼萌发后，将主蔓近地面70～80cm以下的萌发芽眼全部抹去。从80cm处开始，在主蔓上部两侧分别每隔30cm左右留1个结果枝结果，每个结果枝留1个果穗。冬剪时，在每个果枝的基部剪留2～3个芽（基口芽不算在内）作为结果母枝（较弱的结果枝剪留1个芽）。至此，树形基本完成。

之后每年在短结果母枝上选留1个好的结果枝结果，在架面未布满时，可利用主蔓顶端结果枝作为延长枝，延长枝剪留长度不宜过长，一般剪留6～7节，到满架为止。

应用这种树形一定要注意培养好系列短结果枝组，要像蜈蚣腿一样，排列整齐，不要形成光秃、残缺的情况，万一出现，要及时培养补上。

这种整枝形式的优点是技术简单，易于掌握，果枝在架面上分布均匀，有利于通风透光。

4. 扇形整枝

适用于日光温室和塑料大棚的篱架种植，特别是对需要简易埋土防寒的塑料大棚栽培更为有利（图6-6）。

具体方法是株距为0.5～1m。定植苗萌发后，选留2个健壮新梢培养成主蔓，待新梢长到1.3～1.5m时摘心，摘心后的副梢处理同前文所述。冬季修剪时，剪去全部副梢，只留2个长1.3～1.5m、粗0.8～1cm的主蔓结果。

图6-6　扇形整枝

第二年，芽眼萌发后，主蔓基部50cm以下的萌发芽眼全部抹去，50m以上的主蔓两侧分别每隔30cm左右留1个结果枝结果，每个主蔓留4～5个结果枝。冬剪时，除主蔓顶端各留1个5～7节的延长枝扩大树冠外，其余的均留基部2～3个芽短剪成结果母枝。至此，树形基本完成。

之后按第二年的方法继续培养。

这种整枝形式的优点是株形小，成形快，有利于早结果、早丰产。

二 打破休眠

在自然条件下，葡萄10月开始进入休眠期，11月中旬进入深休眠期。葡萄休眠的解除需经过0～7.2℃低温500～2000h。只有满足了低温的需要，休眠才能被打破。在设施栽培条件下，如果不打破休眠就升温，则发芽不整齐，生长结果不良，产量不高。在早期升温的情况下必须采取人工的方法打破休眠。

1. 温度处理

低温或高温处理对打破葡萄休眠都具有一定的效果。在秋季葡萄落叶后，利用保温覆盖材料的覆盖与收起来调节温度，棚内温度保持在3～7℃，经过15～30天，大部分的早熟和中熟品种即可完成休眠，在生产条件允许的前提下可以升温进行设施葡萄的生产。

2. 化学处理

在温室升温开始后，用20%石灰氮（石灰氮∶水＝20∶80）的上清液进行喷布或涂抹葡萄芽眼，可使葡萄萌芽提早10～15天，而且发芽整齐。

【提示】 石灰氮水溶液对皮肤和眼睛有强烈的刺激性，使用时一定要做好防护措施。

3. 摘叶＋药剂处理

为了打破休眠，可采用摘叶＋药剂处理的方法。在白天30℃以上的高温下，先进行摘叶，然后在芽和叶柄痕涂抹5%～10%石灰氮的上清液来打破休眠，萌芽率达85%。

第五节 其他栽培技术

一 多次结果的栽培技术

葡萄的许多品种具有多次结果的能力。但不同品种多次结果的能力不同。玫瑰香、京蜜、户太8号等品种多次结果的能力较强，利用葡萄的这一特性，在设施栽培条件下，可实现葡萄一年多次结果。

1. 利用夏芽结果

在开花前15天左右，对生长势中等以上的新梢进行摘心。摘心部位在2~3个尚未萌发的夏芽上方，其余已萌发的夏芽副梢全部从基部除去，保留的夏芽萌发后，即带有花序，然后在花序以上5~8片叶处摘心。

一次副梢结实能力较弱，在设施条件下，可利用二次副梢结实，具体操作为，在开花前约15天左右，对生长势中等以上的新梢进行摘心，促使夏芽萌发成副梢，选留上部3~4个健壮的副梢保留，其余全部从基部除去。保留的副梢生长至5~6片叶处摘心，副梢上的夏芽萌发后即带有花序。然后在花序以上5~8片叶处摘心。根据其成熟情况，确定秋季是否覆膜保温。适于诱发夏芽二次结果的品种有玫瑰香、巨峰、户太8号、京蜜等。

2. 利用冬芽二次结果

有些品种主梢中下部的冬芽，在开花期已开始分化花芽。如玫瑰香品种，主梢花序上第7节在始花后半个月，90%的冬芽形成第一个花序原基，10%的芽形成第二个花序原基。

诱发冬芽二次结果的方法是，在始花前7天左右，主梢花序以上6~10片叶处摘心，保留顶部2个夏芽副梢，其余副梢全部除去，以阻止冬芽过早萌发。当幼果长至豌豆大小时（花后2周左右），再除去暂留的其他副梢，即可激发冬芽萌发二次结果。

适于利用冬芽二次结果的品种有玫瑰香、巨峰等。

3. 二次结果方式

（1）4月和10月采收的二次结果技术　为了第二年春天4月收获上市，前一年从9月底预先开始加温（保温），夜间温度维持在18~20℃，10月中旬以后进行摘叶，并用石灰氮的饱和上清液涂抹芽或喷布枝蔓，打破其休眠，处理后约1周即可萌芽，随后进行正常的生长与结果。4月收获第一次果后，4月上旬进行修剪，4月13日摘叶，并用石灰氮的饱和上清液涂抹或喷布进行打破休眠处理。

6月开花，10月收获第二次果。

（2）6月后和12月后的二次结果技术 第一次采收上市的栽培管理与常规管理基本相同。11月修剪埋土，第二年2月保温催芽，此时休眠已解除，不需要打破休眠处理。2月即萌芽，6月以后即可开始成熟收获。

夏季第一次收获后，立即施肥、疏剪以恢复树势。8～9月再修剪（和冬剪方法相同），同时摘除叶片，并进行打破休眠和催芽处理，促使副梢萌发生长，12月即可获得第二次果。

二 无核化栽培技术

无核葡萄深受消费者欢迎，但目前生产上栽培的无核品种果粒小、产量低，影响了该品种的发展。因此，使大粒有核品种无核化的栽培技术，越来越受到人们的重视。目前使有核品种无核化的主要措施是利用赤霉素处理，并采用相应的技术措施。

1. 影响赤霉素（GA_3）处理的因素

（1）品种 不同品种对GA_3处理的反应不同。一般来说，巨峰系品种、落花落果和大小粒严重的品种对GA_3反应敏感，处理浓度要低，整个花期处理均易无核化。适宜于无核化的鲜食品种有巨峰、户太8号、京亚、红蜜、藤稔、玫瑰香、蓓蕾玫瑰等。

（2）处理时期 品种不同，处理时期也不一样。一般要处理2次。第一次处理主要作用是无核化和穗轴的伸长，一般在盛花期处理。第二次处理是为了果粒的增大，大部分品种是在盛花后15天左右，超过盛花后20天，增大效果显著降低。

（3）处理浓度 对多数品种来说，一般GA_3第一次处理使用低含量，一般为10～25mg/kg，第二次处理时含量为25mg/kg。

2. 辅助剂的使用

为了提高GA_3处理的效果，有时需使用辅助剂，如链霉素、6-卞基嘌呤（6～BA）、对氯苯氧乙酸（CPA）等。不同辅助剂的作用和使用方法不同。

（1）链霉素 使用的时期为盛花前7～14天，10mg/kg的链霉素与10mg/kg的GA_3混合使用，一起浸花序，主要作用是促进无核化和提早成熟。

（2）6-苄氨基嘌呤（6-BA） 与 GA_3 一起使用有防止落花、增加果粒数的作用。使用时期在盛花前 10 ~ 15 天；使用方法是加入到第一次处理的 GA_3 溶液中浸渍花序，使用含量为 30mg/kg。

（3）对氯苯氧乙酸（CPA） 与 GA_3 混合使用可使果粒增大，浆果风味变好，但着色不理想。CPA 处理后，几乎 100% 成为无核果，并能提早 7 ~ 10 天成熟。15mg/kg 的 CPA 与 10mg/kg 的 GA_3 混合使用，在葡萄盛花前 2 ~ 10 天浸渍花序，效果良好。

3. 树体管理

在无核化栽培中，要求有比较强的树势。因为树势较强就容易使浆果产生无核化。但如果树势过强又会引起落花及浆果品质的下降。因此控制树势对无核化栽培也是重要的一环。

（1）整枝和修剪 为了维持稍强的树势，在无核栽培的长梢修剪中，一般结果母枝先端的新梢要强些，而基部的新梢要弱些。但树势不能过旺，否则坐果不稳定。

（2）抹芽 为了维持稍强势的结果枝，在开花以前进行抹芽是一项重要的管理工作。发芽后展叶 2 ~ 3 片时，抹去不定芽、副芽、极弱的芽和极强的芽。当展叶 7 ~ 8 片时，留下强壮的新梢，使树体长势整齐一致，并将新梢均匀地分布在架面上，每平方米留 8 ~ 10 个蔓。

（3）摘心 开花前新梢要摘心，对副梢留 2 片叶连续摘心。

4. 果穗整理

在无核化栽培中，为了促进果粒膨大，必须限制果粒数。

（1）花序的整形 第一次 GA_3 处理前，花序完全伸长时为整理花序的适宜时期。对巨峰系等大粒品种除去花序先端 0.5 ~ 1cm 及副穗和附近的 7 ~ 9 个小穗，保留果穗长 10cm 左右，呈圆筒形。

（2）果穗疏除 第二次 GA_3 处理后，在谢花后 10 天左右，对于大粒品种一般每个结果枝留 1 穗果，对小穗品种结果枝留 2 穗果。留果穗过多，着色不良，影响枝条成熟。

（3）摘粒 第二次 GA_3 处理后，摘粒越早进行越好。要疏掉有核果粒与果穗里过密的果粒，对大粒品种一般每穗留 30 ~ 35 粒，穗重为 400g 左右，果粒重为 11 ~ 13g。

第七章
葡萄避雨栽培技术

一 葡萄避雨栽培的意义

葡萄避雨栽培是以避雨为目的将塑料薄膜覆盖在葡萄树冠顶部的一种葡萄生产方式，它是介于大棚栽培和露地栽培之间的一种类型。在我国多雨、潮湿地区露地栽培葡萄，表现为病害严重、产量低、品质差，采用避雨栽培完全可以避免此问题。避雨栽培的优点表现在以下几方面。

1. 降低发展欧亚种葡萄难度

河南、山东、陕西等省的葡萄栽培环境，虽然没有南方的栽培环境条件恶劣，但是在葡萄浆果生长发育的7、8月，同样是温度高、雨量大。这些省份发展品质优良的欧亚种葡萄，会出现病害多、生产难度大的情况，为了防治病害加大了喷药次数，不利于生产无公害食品或绿色食品。避雨栽培会降低病害的发生，减少打药次数，便于生产无公害食品或绿色食品。

2. 避免气象灾害，减少、减轻病害

在葡萄的生长期，频繁的降雨会造成黑痘病、灰霉病、炭疽病、白腐病、霜霉病等发生，严重影响葡萄的产量和品质及经济效益。采用避雨栽培，避免了雨淋，杜绝了一些病菌的传播途径，能有效地减轻葡萄浆果的发病。

3. 减少打药次数，减轻农药污染

采用避雨栽培由于病害少，减少了打药次数，减轻了农药污染，有利于生产无公害果品。

4. 改善品质，提高坐果率，减轻裂果

避雨栽培提高了浆果中糖分含量，坐果率增加，单粒重增加，小粒果减少，明显提高了浆果的外观质量和产量。

5. 提高经济效益

采用避雨栽培，调节了葡萄市场供应期，种植葡萄的经济效益大幅提高。

二 避雨栽培适宜区

根据全国降水量的分析，适于避雨栽培的地区有：

1）长江三角洲东部沿海产区：浙江、上海、江苏。

2）南部沿海产区：福建、广东、海南。

3）中部内陆产区：湖南、江西、安徽、湖北。

4）西部内陆高原产区：四川、重庆、贵州。

5）西南部产区：云南、广西。

6）北方多雨产区：河南、山东、华北、东北。

三 建园

1. 园址选择

选择沙壤土和轻黏土建园。葡萄生长期需水量较大，大面积葡萄生产基地必须有水源条件并设计好灌水和排水沟渠。葡萄浆果不耐储运，一般应在城市郊区或铁路、公路和水路沿线交通方便的地方建园。

2. 土壤改良

（1）清除植被 在未开垦的土地上存在树木、多年生宿根杂草等自然植被，建园前必须首先连根清除。在已栽培过葡萄的旧址重建新园时，可在栽植前2～3个月土壤深翻20～40cm，每亩施20L的二氯丙烯进行土壤消毒。

（2）深翻熟化 深翻可以疏松土壤，改良土壤结构、提高土壤肥力，扩大根系分布的范围，深翻的深度以不超过不良结构层为宜。

3. 葡萄限根栽培

南方多雨，过多的降水量造成葡萄新梢徒长，裂果严重，严重地影响了葡萄的品质和产量。在地下水位高的地方，还容易造成葡

萄树的死亡。近几年来，出现了一种新的、主要应用于南方多雨地区避雨栽培方式的种植方法，即限根栽培。

主要技术要点是在建园时，根据园地坡向走向和计划的行距，顺坡起垄整理种植带，每100m的坡降为3~5m。垄顶宽为1m，垄顶至垄沟高度为0.5~0.6m。然后在垄顶挖种植沟，种植沟宽1m、深0.6m，在种植沟两壁和沟底铺设塑料薄膜，然后将挖出来的土，每亩掺杂8000~10000kg有机肥、50kg过磷酸钙、30kg复合肥、200kg饼肥，混匀后回填，浇水沉实。在种植沟的底端，挖排水沟，利于种植沟内的过多水分顺利排出。

四 苗木栽植

1. 栽植密度

生长势强的品种，栽植在土壤肥沃和水、热充足的地方，栽植密度宜稀，反之应适当密植。南方平地种植一般株行距为1.8m×2.5m，每亩栽植株数为180株左右。

2. 栽植方式

葡萄的行向应根据架式、地形、风向、光照等因素确定。南方平地避雨栽培行向多采用南北走向，注意通风。山地葡萄园行向沿等高梯田种植，以防止土壤冲刷流失。在有经常性大风危害的地区，行向应尽量与大风的方向平行。

3. 栽植时间与方法

（1）栽植时间 长江以南地区气候温暖湿润，从秋季至第二年春季均可栽植。

（2）栽植方法 按照设计的栽植密度进行栽植，挖深度为30cm的种植穴，将苗木根系舒展放在种植穴内，当填土超过根系后，轻轻提苗抖动，使根系周围不留空隙，然后填土与地面持平，嫁接苗接口要高出地面3~5cm，踏实、灌透水。定植后采用地膜覆盖，可以提高早期地温，保持土壤湿度，使苗木生长迅速、健壮，有利于早期结果。

4. 定植后的管理

（1）除萌 苗木定植后7~10天，芽眼开始萌动。在萌发新根前最好不再浇水，以免浇水降低地温和影响土壤通气。及时抹掉嫁接口以下长出的萌蘖。

（2）萌芽后管理

1）选定主蔓。新梢长到10cm左右时，按整形要求选出主蔓加以培养，多余新梢留2~3片叶摘心。

2）追肥、灌水。新梢生长至30cm以上时追施氮肥，每亩施用尿素15~20kg，每月施用1次，同时灌水，以加速苗木生长。7月以后开始追施磷、钾肥，每亩施用复合肥20~30kg，每月施用1次。新梢停止生长前后隔10~15天喷施1次，连续喷施3次0.3%磷酸二氢钾，以促进枝芽成熟。每次土壤追肥后都应立即灌水，以提高肥效，并防止烧苗。

3）立杆绑梢。待苗木新梢长达30~40cm及以上时，在苗旁立杆绑梢，以加强顶端优势，促进苗木生长。

4）摘心和副梢处理。根据整形要求选留的主蔓，第一年冬剪时一般剪留长度最长不超过1.5m，因此，主蔓新梢达到该长度后应立即摘心。如果预计到生长后期长度达不到要求，则应在落叶前2个月摘心，以促进主蔓加粗和枝条成熟。主蔓新梢上发出的副梢，留前端2个副梢，每个副梢留3或4片叶反复摘心，其他副梢留1片叶摘心，可促进主梢上冬芽充实。对生长势强旺的品种，也可长放一部分副梢用作结果母枝，这样既缓解了树势，又增加了第二年的产量。

5）病虫害防治。及时喷药预防病虫害。

6）雨季排水。进入雨季应及时排水，避免积水发生涝害。

五 避雨棚

避雨栽培是以避雨为目的将薄膜覆盖在树冠顶部的一种方法，它是介于大棚栽培和露地栽培之间的一种类型。

1. 类型

（1）篱架覆盖避雨棚（图7-1） 在篱架的顶部顺行向搭成简易小拱棚。木横梁长为1.2~1.4m，拱杆用竹子做成。骨架搭好后，用宽2m、厚度0.03~0.05mm的薄膜覆盖在骨架上下，薄膜两边翻卷用黏合剂黏合；膜上横向拉压膜线，每50cm一道。

（2）水平架波浪形避雨棚（图7-2） 葡萄行距为2.5m，每行以

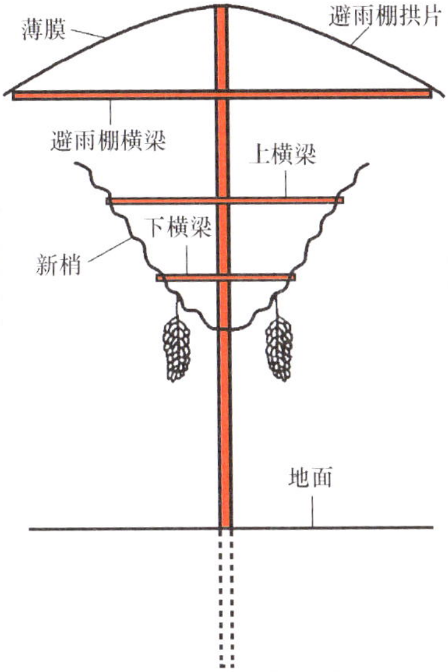

图 7-1　篱架覆盖避雨棚

30cm 宽的水沟相隔，沟深用于排水或灌水。离地 1.8m 以上处建避雨棚，棚宽为 2.2m，棚高为 0.5m。棚顶与棚边用木条固定，用竹片做成弓形并扎钉。竹片上覆盖膜，膜厚度为 0.08mm，每 50cm 有一压膜线，膜的宽度以盖至棚边或稍宽为宜。

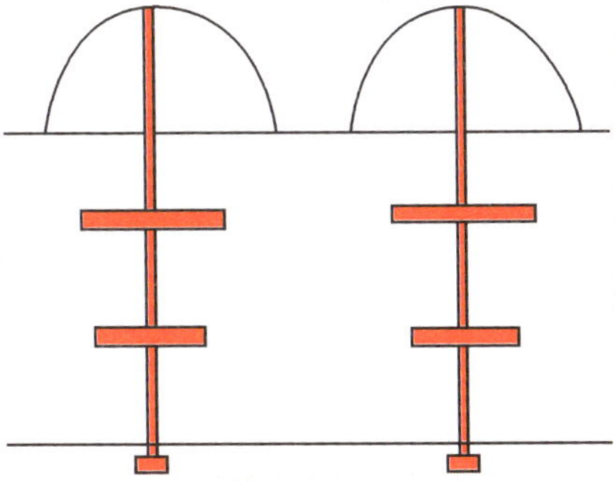

图 7-2　水平架波浪形避雨棚

水平架波浪形避雨棚雨水在波谷流下入排水沟，这样可尽量保护架面，仅在波谷处受到雨淋，影响较小。在充分避雨的前提下，膜覆盖面越小越好，以保证棚内良好的通风性能。为避免薄膜在架面上形成高温损伤叶片，葡萄枝蔓顶部离架面以30~40cm为宜。

2. 葡萄架架材的选择

葡萄架主要由立柱、横梁、顶柱、铁丝、坠线5部分组成。

（1）立柱 可分为钢管柱、水泥柱、木柱、竹竿等。

1）钢管柱。钢管柱一般为ϕ3.8~5cm钢、铁管，长为2.3~2.5m，下端入土部分为50cm，采用砂、石、水泥的柱基，既增强固地性，又可防腐。钢管柱的地上部用油漆防锈。

2）水泥柱。水泥柱由钢筋骨架和砂、石、水泥浆制成，一般采用400号水泥、ϕ6mm钢筋、建筑用砂和卵石。

3）竹、木立柱。立柱竹竿的小头直径大于10cm，埋入地下部分涂沥青防腐。

（2）横梁 用竹、木、铁管均可。

（3）铁丝 选用镀锌铁丝，防止生锈。常用直径为8号、10号、12号铁丝或用直径为12号、18号的钢丝。

3. 支架

（1）边柱 无论是篱架，还是棚架，边柱都承受整行架柱的最大负荷。它不仅承担篱架面的压力，而且还承受中间各架负荷的拉力。在选材上，边柱规格要比中间立柱大20%以上，比中间立柱长20~30cm。边柱埋设有直立法与外斜法两种。

（2）中柱 篱架行内每间隔5~6m直立埋设一根中柱，埋入土中深约50cm。

（3）横梁 竹、木横梁，大头朝架根，小头向架梢；边柱上横梁由于承受整个架面负荷50%以上的拉力，需选择粗度更大、材质更佳的横梁。横梁与立柱之间用长杆螺钉固定牢靠，不得松动。

（4）坠线与锚石 每行架柱的边柱外侧，设立坠线和埋设锚石。坠线一般采用双股8号镀锌铁丝，绑在边柱的上部，与边柱呈45°~50°。拉向地下，伸入地下70~80cm，下端系在长约50cm的水泥柱或锚石块上。

（5）**拉线** 每行架柱之间都由 8 号和 10 号镀锌铁丝或 12 号和 18 号钢丝，按 50cm 间距组成篱架面和棚架面。铁丝由边柱或边柱上的横梁固定，顺行向立柱或横梁拉向另一头，用紧丝器拉紧并固定，之后每年春天葡萄上架前都要紧丝一次。

六 树体管理

1. 抹芽和定梢

（1）**抹芽** 在芽已萌动但尚未展叶时，抹去过密的、第一道铁丝以下的萌芽。

（2）**定梢** 当新梢长到 15～20cm、已能辨别出有无花序时，对新梢进行去留选择。抹芽和定梢宜及早进行。

2. 摘心

摘心促进花序发育，提高坐果率，控制生长，增加枝蔓粗度，加速木质化。

（1）**结果蔓摘心** 开花前 7～10 天对结果蔓摘心，摘去小于正常叶片 1/3 的幼叶嫩梢。

（2）**营养枝蔓摘心** 当营养蔓长到 8～10 片叶时即可摘心。当主蔓生长势很强时，可采用培养副梢结果母蔓的方法分次摘心。第一次在主梢生长至 8～10 片叶时留 5～6 片叶摘心，促使副梢萌发，当顶端的第一副梢长出 7～8 片叶时再次摘心；之后产生的第二次副梢，只保留顶端的 1 个副梢留 3～4 片叶摘心，其余的二次副梢从基部抹除，之后再发生的三次副梢依此处理。

（3）**主、侧蔓的延长蔓摘心** 延长蔓生长较弱的，选下部较强壮的新梢换头，延长蔓生长中庸健壮的，可根据当年预计的冬季修剪剪留长度和生长期的长短适当推迟摘心时间。

延长蔓生长强旺的，可提前摘心，分散营养，避免徒长。摘心后发出的副梢，选顶端 1 个副梢作为延长蔓继续延伸，之后留 4～5 片叶连续摘心，其余副梢也可作为结果母枝培养。

（4）**副梢的利用**

1）扩大树冠。当年定植苗只抽生 1 个新梢，但整形要求需培养 2 个以上主蔓时，可在新梢生长 4～6 片叶时摘心，促发副梢。按整形要求选出副梢培养主蔓。当主蔓延长蔓损伤后，可利用顶端发出的副梢作为延长蔓继续延伸生长。

2）培养结果枝。生长势强旺品种，其新梢容易徒长，冬芽分化不良，第二年不易抽生结果蔓。而当年抽生的副梢，往往生长势中庸健壮，其上的冬芽花芽分化良好、饱满，可作为结果母枝。

3）生产二次果。一些早、中熟品种的副梢结实率很高，二次果的品质也好，在浆果能充分成熟的地区，可利用副梢结二次果，错开市场供应，增加收益，可充分发挥品种生产潜力。

（5）副梢的处理

1）习惯法处理。顶端1或2个副梢留3~4片叶反复摘心，果穗以下副梢从基部抹除，其余副梢留1片叶绝后摘心。此方法适于幼龄结果树，多留副梢叶片，既保证初结果期树早期丰产，又促进树冠不断扩展和树体丰满。

2）省工法处理。顶端1或2个副梢留4~5片叶摘心，其余副梢从基部抹除；顶端产生的二次、三次等副梢，始终只保留顶端1个副梢留2或3片叶反复摘心，其他二次、三次等副梢从基部抹除。此方法适于成龄结果树，少留副梢叶片，减少叶幕层厚度，让架面能透进阳光，使架下果穗和叶片能见光，减少黄叶，促进葡萄着色。

3. 除卷须

在栽培条件下，卷须是无用器官，应及时摘除。

七 花果管理

1. 花序管理

一般在开花前5~7天进行疏花序。留花序的多少根据品种、枝蔓粗细等决定。一般果穗重在400~500g及以上的大穗品种，壮枝留1~2个花序，中庸枝留1个花序，细弱枝不留花序。小穗品种（穗重在250g左右），壮枝留2个花序，中庸枝留1个花序，细弱枝不留花序。

掐穗尖和疏副穗可与疏花序同时进行。对花序较大和较长的品种，要掐去花序全长的1/5~1/4，过长的分枝也要将尖端掐去一部分。对果穗较大、副穗明显的品种，应将较大的副穗剪去，并将穗轴基部1~2个分枝剪去。目的是提高坐果率，从而达到果穗紧凑、果粒大小整齐、穗形整齐一致。

2. 疏果

（1）时期　为减少养分无效的消耗，疏穗和疏粒的时期应尽可能早，疏穗在盛花后 15 ~ 20 天，能清楚看出各结果枝的坐果情况，估算出每平方米架面的果穗数量时进行。在果粒能分辨出大小粒时进行疏粒。

（2）疏穗　中庸结果枝留 1 穗，强枝留 2 穗，弱枝不留穗；每平方米架面选留 4 或 5 穗。

（3）疏粒　首先把畸形果疏去，其次把小粒果疏去；个别突出的大粒果也要疏去以免影响穗形。然后根据穗形要求，剪去穗轴基部 4 ~ 8 个分枝及中间过密的支轴和每支轴上过多的果粒，并疏除部分穗尖的果粒。大粒品种每穗保留 30 ~ 60 粒，小粒品种每穗保留 60 ~ 100 粒。

3. 促进浆果膨大

（1）应用葡萄膨大剂　落花后 7 ~ 10 天和 18 ~ 20 天，在阴天或晴天 16：00 后，用葡萄膨大剂（有效成分为 KT-30）各浸果穗1 次。浸果穗后轻轻抖一抖果穗，抖掉穗粒下部水珠，以免形成畸形。

（2）使用赤霉素　对无核品种应用赤霉素处理可使果粒明显增大。无核白葡萄几乎全部应用赤霉素处理，果粒增大 1 ~ 2 倍。使用方法是在盛花期用 10 ~ 30mg/kg 的药液处理 1 次，于花后 15 ~ 20 天用 25 ~ 40mg/kg 的药液再处理 1 次，浸蘸或喷布花序和果穗。品种不同，最适处理浓度有所差异。

4. 促进葡萄着色

在葡萄刚开始着色时，用 S-诱抗素 150 ~ 200mg/kg 药液浸蘸或喷布果穗，20 天后再重复处理 1 次，可有效解决南方葡萄着色不良的问题，对红色葡萄品种特别有效，而且浆果糖分含量提高 2°左右。

5. 浆果套袋

（1）套袋时期　葡萄套袋一般在幼果似黄豆粒大小时开始。套袋要避开雨后的高温天气。

（2）套袋方法　套袋前，全园喷布一次杀菌杀虫剂，药液晾干后开始套袋。

（3）套袋后的管理 套袋后可以不再喷布针对浆果病虫害的药剂，重点是防治好叶片病虫害。对玉米象、康氏粉蚧及茶黄蓟马等容易入袋为害的害虫要密切观察，严重时可以解袋喷药。

（4）摘袋时期 摘袋时间根据品种、浆果着色情况及纸袋种类而定。一般红色品种在采收前10天左右去袋，以增加浆果受光，促进良好着色。如果袋内果穗着色很好，已经接近最佳商品色泽，则不必摘袋。

葡萄摘袋时，不要将纸袋一次性摘除，先把袋底打开，使果袋在果穗上部形成一个帽，以防止日灼，经过5天左右的适应后再将纸袋全部除去。摘袋时间宜在10：00以前和16：00以后，阴天可全天进行。

（5）摘袋后的管理 葡萄摘袋后不再喷药，但须注意防止金龟子、胡峰等害虫为害，并密切观察浆果着色进展情况。剪除果穗附近的部分已经老化的叶片和架面上过密枝蔓，可以改善架面的通风透光条件，促进浆果着色。另外，注意摘叶不要与摘袋同时进行，也不要一次完成，应当分期分批进行，以防止发生日灼。

八 土肥水管理

1. 土壤管理

（1）春翻 早春葡萄萌发前，根系开始活动，结合施催芽肥，对全园进行浅翻，深度一般为15～20cm，达到疏松土壤、提高土温的目的。

（2）中耕 中耕除草两者往往结合进行。中耕除草根据天气和杂草多少而定，在杂草出苗期和结籽前进行除草效果更好。

（3）采用化学除草 葡萄园可供选用的除草剂有草甘膦、克无踪、茅草枯、西玛津、锈去津、捕草净、敌草隆等。使用除草剂时要注意：

1）应先查清葡萄园杂草种类及发生情况，再确定选用除草剂的种类和用量，避免盲目喷施除草剂。

2）使用草甘膦、克无踪等除草剂时，不应将药液喷到葡萄叶上，以免产生药害。

3）阿特拉津（芳去津）和2，4-D极易对葡萄植株产生药害，要谨慎使用。

4）喷药力求均匀周到，对宿根性杂草地面茎叶喷雾应以湿润滴水为度。

5）为增加药效、降低成本，也可混合柴油、硫酸铵或黏着剂等。喷用除草剂，应在晴天无风、叶面露水已干时进行。

【提示】 喷洒除草剂的喷雾器在使用完毕后一定要用清洗液清洗3遍以上，才能再用此喷雾器喷洒其他农药。

（4）翻压夏季绿肥 在幼年葡萄园，最好采用每年间种冬、夏季绿肥的制度，做到养地与用地相结合，既可提高土壤利用率、增加早期生产收益，又可提高土壤肥力，达到以短养长的目的。在8月夏季绿肥（大叶猪屎豆、印度豇豆，豇豆、饭豆、绿豆等）收获季节，将绿肥直接压入土中。绿肥的翻压时间最好选择在单株产量和养分含量最多且木质化程度较低的时期进行。翻压过早，鲜草产量低；翻压过迟，不利于养分的分解。翻压的适期大致是豆科作物初花期至盛花期，田菁的现蕾期。

冬季绿肥主要有肥田萝卜（又称满园花）、油菜、燕麦、黑麦、豌豆、苕子、紫云英、黄花苜蓿、蚕豆、三叶草等。不同的绿肥种类播种期稍有差异。一般在9～10月播种，宜早不宜迟。

绿肥品种的选择还应根据葡萄园的具体情况决定，刚开垦的瘠薄地葡萄园，以间种适应性强、耐瘠薄的肥田萝卜、油菜、燕麦、黑麦等为宜；初步熟化后，再种绿豆、豌豆、苕子等豆科绿肥；已经熟化的土壤，可间种紫云英、蚕豆和黄花苜蓿等。常用的方法如下：

1）行间带状种植。此法适合于行间较宽的葡萄园。梯田、梯壁上均可种绿肥。

2）全园种植。多用于倾斜地水土易流失的地区，其抗旱效果优于覆盖。

3）播种时。以磷肥拌种效果较好，一般每公顷播种量为45～75kg。提倡混播，如紫云英中混播肥田萝卜，箭舌豌豆中也可混播一些肥田萝卜、燕麦等。混播可提高氮、磷、钾的总体水平。

4）播种前。若土壤过干，则宜先灌水后翻耕，播种后若遇秋冬干旱，应灌溉润湿土面，使出苗整齐，苗生长壮实。立春后气温回升，注意追施尿素或稀薄畜粪，促进绿肥生长。

（5）土壤翻耕 南方地区以采果后结合秋施基肥（10～11月）进行深翻效果最佳，一般深翻50～60cm，每翻1立方米土，增施有机肥40～60kg。由于此时地温较高，伤根易愈合，尚可发新根，有利于第二年生长、结果。且结合施基肥，有利于树体营养的积累，从而促进葡萄根系的活动及树体的生长发育。

2. 施肥

（1）萌芽前、芽膨大期施肥 追肥以氮肥为主，每亩施入畜粪（或沼液）3～5t，加尿素10～20kg，加硼砂1kg，加硫酸钾复合肥10kg。此时补充肥料，有利于促进葡萄花芽进一步分化、新梢健壮生长。但是施肥过多，则会因花序枝蔓生长过旺，加重落花落果和增加不受精的小粒果，严重影响产量和品质。

（2）花前施肥 亩施复合肥15～20kg，有利于树势健壮和开花坐果。对弱树、老树和结果过多的大树，应加大施肥量。若树势强旺、基肥数量又比较充足时，花前追肥可推迟至花后。但在开花前1周至开花期，禁施速效氮肥，否则，落花落果严重。

在幼叶展开、新梢开始生长时喷施0.3%尿素加磷酸二氢钾混合液2次，可促进幼叶发育，显著增大叶面，提高光合能力，促进营养生长和花芽补充分化。

（3）幼果期施肥 当果粒达到黄豆大小时开始追施壮果肥，通常每亩施饼肥150～200kg、尿素15kg、硫酸钾复合肥25kg。或每亩施入沼液2～5t。喷施0.2%尿素施叶面肥。

（4）浆果迅速膨大期施肥 每亩应施尿素30kg、过磷酸钙30kg、硫酸钾20kg。或者每亩应施复合肥30kg、尿素20kg、硫酸钾10kg。施肥后应适当浇水。

（5）着色期施肥 以磷、钾为主，添加少量速效氮肥（如枝叶茂盛可不加氮肥）。每亩施磷肥30～40kg、复合肥15～20kg，在葡萄两边开10～15cm的小沟施入肥料，施后覆土、浇水，以提高肥效。

结合病虫害防治，每隔15天喷施0.2%～0.3%磷酸二氢钾，连喷2次。

(6) 采后施肥 浆果采收以后将肥料施入土壤。每亩施有机肥3000～5000kg，与40kg复合肥、100kg饼肥混匀施入。在离葡萄主干60cm处开沟，沟宽25～30cm、深30～40cm，将肥料混匀后撒入沟中。施肥后覆土，并灌水。

在喷药防病时，加入0.2%～0.3%磷酸二氢钾，促进枝蔓成熟，以利于花芽分化。如果树势弱，为了保叶，可加入0.2%～0.3%尿素喷施。

3. 灌水

(1) 灌水时期 一般在萌芽前、新梢生长期、幼果生长期、转色期、浆果采收后，根据土壤情况与天气情况，及时灌水，保证葡萄充足的水分供应；在施肥后及时灌水。在葡萄落叶前，全园灌溉1次大水。在开花期、浆果采收前20天左右控制灌水量，避免造成落果和裂果现象。

(2) 排水 土壤排水不良，甚至严重积水，会大大降低坐果率，同时引起叶片黄化，导致真菌病害和缺素症（如缺硼）等发生。因此，在葡萄园规划、设计、建园时，必须建设好符合要求的排水系统。

在常年葡萄园管理中，要加强排水系统的管理，经常清理泥沟，清除杂草，保持常年排水畅通。畦沟要逐年加深，特别是水田建园，要使地下水位保持较低的水平，要求在雨季做到雨停田干不积水。

1）排地表积水。地表积水是由于暂时排不出水所引起，平地葡萄园多采用高垄栽培，排水沟主要包括行间的小排水沟、小区间的大排水沟和全园的总排水沟。总排水沟控制全园地下水位。要检查这些排水沟是否畅通无堵塞。一般安排小排水沟比垄面低30～40cm，大排水沟比垄面低50～60cm，总排水沟深80～100cm。丘陵山地多采用梯田栽培。梯田栽培的葡萄园包括梯田内侧的小排水沟、梯田两端的大排水沟和全园总排水沟。

2）排降深层积水。下层重力水的滞留所引起的水害问题，可修筑地下排水管道。方法是用多孔的水泥管或陶管，外包一层纤维类的材料作渗水用，管直径为15～20cm，深埋在1m以下。这样不但排水，而且增加土壤孔隙度和通透性。另外，可在行间挖沟（可几行挖一条沟），深100cm、宽50cm；在沟底放一层20~30cm厚的砾石、炉渣等作为滤水层，其上覆20cm厚的秸秆，再将原土回填；使园内各沟连通，并通向园外的总排水沟，土壤重力水通过缝隙排出园外。

九 冬季修剪

1. 整形

通过人工整枝造型，使枝蔓合理布满架面，充分利用生长空间，增加光照，达到立体结果，以构成丰产、稳产和优质的葡萄树形。

（1）篱架 架高为2~2.2m，行内每隔5~6m设一立柱，行距为1.5~3m。立柱上第一道铁丝距地面0.8m，往上每间隔0.5m拉一道铁丝，沿行向组成篱架面。

篱架的主要优点是适于密植，整形速度快，光照、通风条件好，易于早结果、早丰产。其缺点是绑蔓费工，下部枝茎结果部位低，易染病害。为了克服上述弊端，近年出现一些改进的篱架，即第二道以上铁丝为双丝，双丝形成夹道，将新梢纳入夹道中，可减少引缚新梢用工。为了提高结果部位，可在立柱顶部拉1或2道铁丝，结果母枝绑缚在上部铁丝上，让新梢向两侧自由悬垂生长。

（2）双十字“V”形架 该架式由架柱、2根横梁和6根铁丝组成。葡萄行距为2.5~3m，柱距为5~6m，柱长为2.5m，埋入土中0.6m。纵横距要一致，柱顶要成一平面。种植当年，每根柱架2根横梁。下横梁60cm长，离地面125cm；上横梁80~100cm长，离地面170cm。两道横梁两头及高度必须一致，在离地面80cm（欧美杂种）或100cm（欧亚种）处。两道横梁距两端5cm处打孔各拉一条铁丝，形成双十字6条铁丝的架式。

该架式的特点是夏季将枝蔓引缚呈”V”形，葡萄生长期形成3层，下部为通风带，中部为结果带，中、上部为光合带。结果与生长规范。增加了光合面积，提高了叶幕层光照度和光合效率；提高了萌芽率、萌芽整齐度和新梢生长均衡度；顶端优势不明显。提高通风透光度，避免日灼，减轻病害和大风危害；能按计划定梢、定穗、控产，实行规范化栽培，提高果品质量；省工、省力、省农药、省材料。

（3）主干双臂水平形 植株具有0.6～1.5m高的主干，在主干顶部分生2个主蔓，呈双臂朝相反方向沿铁丝水平延伸，主蔓上直接着生结果枝组，枝组上着生结果母枝，母枝上分生新梢。低干植株的新梢向上引缚，高干植株的新梢任其自然下垂。该树形由于有主干，篱架下部无枝蔓，通风好，架下湿度较低，加之结果部位较高，浆果病害较轻。其整形过程如下：

1）定植第一年。选留1个强壮新梢作为主干培养，当主干达到预定高度后立即摘心，保留前端2个强壮副梢作为主蔓培养，直立向上引缚，以加强生长势。冬剪时，在2个主蔓直径1cm左右的成熟节位处剪截。

2）定植第二年。春季，萌芽前将2条主蔓沿铁丝水平引缚，但方向相反。萌发后，在主蔓前端各选一条强壮新梢，疏去花序，直立引缚，作为主蔓延长梢培养；其余新梢疏去过密弱梢，每间隔10～15cm留1个结果新梢，每梢保留1个花序结果。冬剪时，主蔓延长梢已达到预定长度的，留够长度处剪截，不够长度的仍在径粗1cm左右的成熟节位处剪截，其余结果母枝留2～3个芽短截。

3）定植第三年。春天，主蔓延长梢沿铁丝水平引缚，主蔓长度不足时，仍需选留新的延长梢继续培养主蔓，主蔓上的其余新梢按10～15cm间距选留结果新梢，向上引缚，让其结果。冬剪时，主蔓延长梢在预定长度处剪截，主蔓上新的结果母枝留2～3个芽短截，老的结果母枝已构成结果枝组，将过密、过弱枝组疏除。

（4）有主干“Y”形 主干“Y”形是对单干双臂水平形的改良和发展，植株具有80cm的主干，其顶部分生的2个主蔓呈双臂朝相反方向沿第一道铁丝水平延伸，主蔓上的新梢分别斜向上引缚于“Y”形架的两侧铁丝上，使植株从水平主蔓以上分别出现斜向上的两壁叶幕。

2. 修剪

（1）冬季修剪的时间 冬季修剪在葡萄正常落叶后2～3周进行，如果春季修剪，会导致剪口往外淌伤流液，造成养分的流失。

（2）冬季修剪的方法

1）短剪。短剪时剪口宜高出剪口下芽眼3～4cm，而且剪口要平，以防剪口风干影响芽眼萌发。

2）疏剪。主要是疏除过密枝、病虫枝。疏枝应从基部剪掉，注意留残桩，同时伤口不要过大，以免影响留下枝条的生长。

3）缩剪。主要是用来更新枝蔓、调节树势和解决光照。多年生弱枝回缩修剪时，在剪口下留强枝，起到更新复壮的作用。多年生强枝回缩修剪时，可在剪口下留中庸枝，并适当疏去其留下部分的超强分枝，以均衡枝势，削弱营养生长，促进成花结果。

（3）主、侧枝的修剪 尚未完成整形任务的幼树，要以整枝造型为冬剪的重点，进一步选好主、侧蔓，并要求在延长蔓粗度0.8cm以上的成熟节位饱满芽处剪截。

已完成整形任务的盛果期植株，要保持主、侧蔓的旺盛生长势头，以小更新为冬剪的重点，包括主侧、蔓换头和选留预备蔓等。开始衰老的植株，要果断地实行大更新修剪。

主、侧蔓结果部位严重外移或上移，但中部和下部仍有枝组时，可进行回缩更新修剪，把主、侧蔓从先端压缩下来，并更新中、下部枝组，改善光照，促进中、下部发生健壮新梢结果。

当主蔓衰弱、产量极少时，可在主蔓下部选留新梢，精心培养成主蔓的预备蔓。当预备蔓开始结果后，可剪去原主蔓，由预备蔓替代成为新主蔓。

（4）结果枝组的培养和修剪 结果枝组是具有两个以上分枝的结果单位。其上着生结果母枝和新梢。

1）结果枝组的培养。正常情况下，当年从结果母枝上萌发一些新梢，冬剪时该新梢成为新的结果母枝，而老母枝上就出现两个以上新母枝，此时的老母枝就成为具有两个以上分枝的结果枝组。

2）结果枝组的修剪。随着枝龄增加，枝组分枝级数增多，伤口也增多。枯桩不断出现，枝组营养输送能力削弱，枝组逐渐衰老，需从主蔓上潜伏芽发出的新梢，选留位置合适的进行培养，以替代老枝组。

具体做法是：逐渐回缩老枝组的结果母枝，刺激主蔓上或枝组基部潜伏芽萌发；对潜伏芽新梢，疏去花序不让其结果，促进生长；如果新梢强壮，于5~6片叶时摘心，促发副梢，冬剪时副梢短截后即成为新的枝组，再将周围老枝组疏剪，逐年更新复壮全部枝组。每年如此，每个枝组3~5年即可得到更新，可保证枝组年轻健壮，植株就能连年丰产。

(5) 枝蔓的更新

1）结果母枝的更新。结果母枝更新的目的在于避免结果部位逐年上升外移和造成下部光秃。修剪方法有双枝更新与单枝更新。

2）多年生枝蔓的更新。从基部除去主蔓进行更新的称为大更新。在大更新以前，必须积极培养从地表发出的萌蘖或从主蔓基部发出的新枝，使其成为新蔓，当新蔓足以代替老蔓时，即可将老蔓除去。

对侧枝蔓的更新称为小更新。一般在肥水管理差的情况下，侧蔓4~6年需更新1次。小更新一般采用回缩修剪方法。

(6) 冬季修剪的步骤及注意事项

1）修剪步骤。疏去病虫枝、细弱枝、枯枝、过密枝以及需局部更新的衰弱主、侧蔓和无利用价值的萌蘖枝。根据修剪量标准，确定适当的母枝留量，对一年生枝进行短截。

2）修剪注意事项。要防止剪口芽风干和冻伤，剪口要距芽眼3~4cm，最好在节口剪。

对于多年主蔓，疏剪、回缩剪时要留长约1cm的残桩。要正确掌握预备枝上剪口芽的方向。预备枝的剪口芽应朝内，使营养物质易于沿着枝蔓顺势输送，有利于以后新梢萌发和生长。

修剪后的枝蔓、落叶、残果等全部清理出园区，全园喷1遍3~5波美度的石硫合剂，土壤大水漫灌后中耕，等待越冬。

十 病虫害防治

具体方法参见第九章葡萄病虫害防治中的相关内容。

第八章

酿酒葡萄栽培技术

一 建园

1. 园地的选择

一般来说，葡萄最适合生长于粗沙壤土和沙质壤土上，在河海沙滩、山地和轻度盐碱地上也可以获得良好的收成。在不同的土质条件下，葡萄的生长发育、浆果成熟时间、产量、品质、酿造葡萄酒的酒质或风味等均有所不同。应慎重选择建园地。

2. 葡萄园的规划

新建酿酒葡萄园时，园址的地形和地势不同，规划设计的程序也不同。如为山地丘陵或坡地，先要进行地形测量，根据测量结果画出地形图；如为平地，则需画出平面图。如园地面积较大，超过15公顷，规划设计时应考虑以下内容：

（1）划分栽植区 划分栽植区的原则是：利于灌溉和排水，便于作业。根据地形、坡度和坡向，栽植区多为长方形，一般是长坡和行向相一致。

（2）设置道路 根据园地总面积的大小、地形和地势，主道路贯穿于葡萄园的中心。园地面积较小的设主道路1条，面积较大的可先在中间设2条彼此垂直的主道路，然后再把整个园区分成4个、6个或8个栽植区。一般支道路设在作业区的边界，与主道路相垂直。为节省土地，可将作业道路设在葡萄行间的空地上，但要与支道路相连接。主道路和支道路是固定的路，路基和路面可高一些，而且要坚固耐用。

（3）灌溉系统 根据园区面积、地形，设计总渠、支渠和毛渠等灌溉系统。总渠高于支渠，支渠高于毛渠。与此同时，还要设计好排水系统。排水系统的设置一般分小排水沟、中排水沟和总排水沟三级，高度差是由小到大逐级降低。排灌系统最好与道路系统相结合，设在道路的两侧。

（4）防风林 在酿酒葡萄园周围设置防风林，有防风、防沙和防霜冻的作用。防风林带的走向应与风的方向相垂直，在风大和风多的地区，还可设置与主林带相垂直的副林带。主林带一般由4~6行乔木和灌木构成，副林带则一般为2~3行。在风沙严重的地区，主林带之间的距离一般为300~500m，副林带间距为200m左右。在葡萄园的边界还要设3~5行边界林。

（5）附属设施 葡萄园内的房屋，包括管理人员的住房、库房等都应在规划时统一安排。如果在葡萄园内建设葡萄酒厂，则应根据酒厂需要，建设相应的加工厂房。

二 品种选择

1）根据当地的自然条件、地理位置、交通情况、不同用途等综合考虑。要注意选用最适于当地自然条件的优良品种，同时还要注意选用适宜的砧木及其组合。

2）目前，葡萄酒市场，红葡萄酒比白葡萄酒畅销、价值高。因此，建园要以红色品种为主，搭配白色品种，面积按10:1较合适。红色酿酒品种选择赤霞珠、品丽珠、蛇龙珠、黑比诺、西拉、梅鹿辄等；白色酿酒品种选霞多丽、白比诺、雷司令、贵人香、灰比诺等。

三 定植

1. 株行距

酿酒葡萄一般采用篱架栽植，株距为0.8~1.5m，行距为3~3.5m。在不需要埋土防寒的酿酒葡萄产区，采用篱架栽植的葡萄，株行距多为(1~1.5)m×(1.5~3)m。

2. 种植沟

酿酒葡萄定植前，需按栽植区将园地平整，清除杂物。园地整好以后，再按定植行向挖掘定植沟。定植沟的深、宽一般为80cm。采用挖掘机挖沟，定植沟挖好以后，先在沟底撒一层10~15cm厚的作物秸秆，亩施有机肥10~15m^3、复合肥50kg，与土壤混匀回填到种植沟内，使其与地面相平，浇水沉实。第二年春季按照原定株距栽植。

3. 葡萄定植

（1）定植时间 葡萄定植的时间可根据当地实际情况确定。目前生产中，从秋季到第二年春季都可以定植葡萄，在南方气温高的地区，秋季栽植可提前发根，第二年可早发芽、出壮苗。在北方地区，春天4月下旬晚霜冻过后即可定植。用营养袋苗定植时，在5月下旬至6月上旬定植。

（2）定植方法 定植前，将选好的合格苗木先用清水浸泡1~2天，将根部进行修剪，剪去伤口，根系留15~20cm长。枝蔓用3~5波美度石硫合剂消毒。定植时，根部蘸和成泥浆的生根粉（25mg/kg的萘乙酸），以利于生根。

定植的深度一般以原来在苗床或苗圃地时的深度为准。如为自根扦插苗，可适当深栽，以利于增加根量，提高抗旱能力。如为嫁接苗，嫁接口应略高于地面，不使接穗入土，以防接穗生根而削弱砧木的作用。

定植时应使根系充分伸展，而且向四周分布均匀。填土至一半时，轻轻提一提苗，以便使根系伸展并与土壤紧密接触。随填土随踩实，当填土与地面相平时，踩实后浇水，待水渗下去以后，再盖一层湿润细土，以利于保湿，或者覆膜，可有效提高成活率，降低后期除草的强度。

四 树体管理

1. 除萌

第一次除萌是从芽眼萌动至展叶后，将发育不好的基底芽、瘦小细弱芽、着生位置不当的芽以及双生芽和三生芽的副芽抹去。

第二次除萌在能看出花序时进行，根据新梢负载量的多少和整形修剪的要求，确定新梢的去留。结果新梢留量，应根据树势、树龄、品种、肥水条件和管理技术水平等确定。

第三次除萌可结合绑缚新梢进行，即在绑梢的同时，对前两次没有除去的以及后来萌发的幼芽再进行1次除芽。除芽时，除保留结果枝外，还应选留一些靠近结果母枝的芽，以备冬季修剪时供回缩更新之用。如果空间较大，枝蔓尚未布满架面时，也可选留一些由潜伏芽萌发的新梢以及根际的萌蘖枝。

在正常情况下，每平方米的篱架架面保留10~15个芽。因品种和树势不同，可适当增减。

2. 定梢和绑缚

在新梢长到30cm时，要把新梢绑缚在架面的铁丝上。在整个生长期间，随着新梢的不断伸长，应及时进行绑缚，一般需绑3~4次。绑缚时要使新梢均匀排列于架面，不可重叠交叉。绑缚新梢时，可根据整形修剪的要求，除少数需要直立绑缚外，一般均应倾斜绑缚，以便缓和营养生长。常用的绑扣为“∞”形或马蹄形，常用的绑缚材料为塑料条。

3. 摘心

摘心一般在开花前进行，可有效地提高坐果率。在开花前3~5天，摘去顶端2~3片幼叶，对落花较重、坐果不良的品种可明显提高坐果率。

4. 摘除副梢

花序以下不留副梢，花序以上的副梢只留顶端的2个副梢，其余副梢全部抹去。枝蔓顶端的1~2个副梢，留4~5片叶进行反复摘心。

葡萄浆果着色后停止摘除副梢，以免摘除副梢后诱发新的副梢，消耗树体营养，影响浆果着色和新梢成熟。细弱主梢所萌发的副梢，因其生长缓慢，可不必多次摘心。

五 花果管理

1. 花期喷硼

在开花前喷0.2%~0.3%硼酸或硼砂溶液，可以促进花粉管的伸长，有利于开花坐果。

2. 疏花序

土质瘠薄、肥水不足、葡萄枝蔓细弱、新梢负载量过大、落花落果严重的葡萄园在开花前3～4天进行疏花穗，结合摘心和绑蔓工作一起进行，强壮结果枝可留2个花序，中庸枝只留1个花序，弱小枝不留花序。

3. 去卷须

在人工栽培条件下，卷须是无用的器官，影响采收和修剪，必须及时将卷须剪除。在一般情况下，剪除卷须是随摘心、绑蔓、去副梢等工作一起进行的。

六 土壤管理

1. 清耕

清耕就是在葡萄行间不种植任何间作物，既清除杂草，又能中耕，起到清除杂草和疏松表土的作用。人工除草劳动强度大、用工多，机械除草劳动强度低、用工少，各地可根据实际情况选用。但无论采用哪种方式，每年以中耕5次为好。在降雨或灌水以后及时中耕除草，可改善土壤的物理性状，减少水分蒸发；雨量多的年份也应及时中耕，以促进地表水分蒸发，防止积水受涝。

2. 田间覆盖除草

间作覆盖除草就是在葡萄行间种植间作物，不使地面裸露。由于地面有间作物的覆盖，杂草见不到阳光，生长便会受到抑制。间作一般是幼龄葡萄园采用，成龄园则较少采用。间作物以豆科作物为好，如绿豆、豌豆、蚕豆、田菁、苕子等，这些间作物既可抑制杂草生长，又可保持土壤湿润，翻压后还是很好的肥料。

3. 化学除草

化学除草就是喷洒化学药剂杀死杂草。使用化学除草剂的好处是收效快、劳动强度低。但有些除草剂对土壤微生物也有不利的影响，而且只能除草，不能改善土壤结构，也不能增加土壤肥力。葡萄园常用的除草剂有茅草枯、扑草净、西玛津、利谷隆、阿特拉津、五氯酚钠等。虽然除草剂的种类很多，但防治范围和防治效果各不一样。为提高防治效果、降低生产成本，使用时应注意以下几点：

（1）早除、除小 在杂草幼小时喷药，也就是在杂草1～3片叶期喷药，杂草抗性低，用药用量少，用药浓度低，防治效果好。

（2）节2种或2种以上的除草剂混合使用 如内吸型与触杀型

相混合，杀灭双子叶杂草的与杀灭单子叶杂草的相混合，药效快的与药效慢的相混合，残效期长的与残效期短的相混合等。

（3）施药的时间 在无风的晴天喷洒除草剂效果较好。大风天气不宜喷药，以免风将药液刮到葡萄上引起药害。气温越高，杀草效果越好。地面湿润时喷药效果好。

4. 深翻

土质瘠薄的山地和丘陵地葡萄园，进行深翻改土和加厚活土层，是获得酿酒葡萄优质丰产的基本保证。目前生产上常用的葡萄园深翻方法，主要有以下几种：

（1）全园深翻 全园深翻就是将全园一次深翻完毕。冬季寒冷地区的酿酒葡萄园一般采用春季深翻，结合增施有机肥。深翻除能熟化土壤和加深耕作层外，还可将杂草种子、病菌、虫卵等翻至深层，减少病虫、杂草为害；深翻后立即灌水。在冬季温暖地区的酿酒葡萄园，采用冬季全园深翻，随翻随埋土，不能使根系外露时间过久，更不能露天过夜，以免遭受冻害。

（2）隔行深翻 隔行深翻就是先在一个行间进行深翻，相邻的一个行间则留到下一年再翻，全园分 2 次（或 2 年）完成深翻。深翻时，在葡萄定植穴外挖一深沟，幼龄葡萄园沟深 30～40cm，成龄葡萄园沟深 50～60cm，沟宽根据行距确定。行距大，则沟较宽；行距小，则沟较窄。总之，要将定植穴以外的地面全都深翻一遍。

（3）深翻注意事项 无论采用哪种方法进行深翻，都要结合施入腐熟有机肥。春季深翻时，要注意防止水分过多蒸发而导致干旱，特别是没有灌溉条件的葡萄园。夏、秋季深翻时，要注意防涝，特别是低洼积水和排水不畅的葡萄园。冬季深翻时，要及时埋好根系，以防根系遭受冻害。

七 施肥

1. 基肥

在不需埋土防寒的酿酒葡萄产区，基肥最好在葡萄采收后立即进行；在冬季埋土防寒区，基肥在春天葡萄出土后进行，在离葡萄树 50cm 处开沟，沟宽 30～40cm、沟深 40～50cm；每亩施用有机肥 2000～3000kg、复合肥 50kg、尿素 20kg、硫酸锌 2kg、硼砂 1kg，与土壤混匀后回填。施肥后立即浇水。

2. 追肥

谢花后 20 天，每亩施尿素 20kg、复合肥 30kg。

葡萄浆果着色前，每亩施复合肥 40kg、过磷酸钙 20kg。每隔 20 天叶面喷 1 次 0.2% 磷酸二氢钾溶液，连喷 2 遍。

在浆果采收后，每亩施尿素 20kg、复合肥 20kg。

八 水分管理

1. 浇水时期

（1）发芽前后 在葡萄枝蔓出土上架以后，结合施肥灌水 1 次，可使芽眼萌发整齐，萌发后新梢生长较快，对葡萄全年的生长发育都有重要作用。

（2）开花前后

1）花前水。在开花前 10 天左右，可结合施肥浇水 1 次，这对新梢生长、花序伸长、开花坐果都有明显效果。在开花期不浇水，但在特别干旱的年份或是在保水力差的沙滩地上，开花初期灌小水 1 次，以利于授粉受精。

2）花后水。在花后 10～15 天浇 1 次透水。此时幼果开始迅速膨大，新梢也生长旺盛，需要充足的水分和营养，加上此时新根生长旺盛，气温又不断升高，叶片的蒸发量越来越大，植株消耗的水分不断增加，是年周期生长活动中需要水分最多的阶段。

（3）浆果转色期至成熟期 此阶段保持稳定的土壤含水量。在浆果采收前水分过多，则可能延迟浆果成熟，影响着色，减少香味，降低浆果质量。

（4）采收以后 葡萄采收以后，结合秋施基肥灌水 1 次，对营养物质的积累和根系的生长发育都有良好的作用。

（5）封冻水 在北方寒冷地区，在土壤结冰前再灌 1 次封冻水，既可增加树体营养储备，又可减轻冻害和干旱的威胁，保证连年优质高产。

2. 灌水方法

（1）沟灌 在酿酒葡萄栽植时，种植沟低于行间地表 15～20cm，宽 60cm 左右，水直接灌溉到种植沟内。优点是省工，省水。

沟灌是干旱地区酿酒葡萄园的主要灌溉方法。

（2）滴灌 滴灌是利用灌溉系统把灌溉水过滤，通过各级管道输送到葡萄园，再通过滴头将水以水滴的形式不断地湿润葡萄树根系主要分布区的土壤。完整的滴灌系统由水源工程和滴灌系统组成。水源工程包括小水库、池塘、抽水站、蓄水池等。滴灌系统是指把灌溉水从水源输送到葡萄根部的全部设备，如变频抽水装置、化肥注入器、过滤器、流量调节阀、调压阀、水表、滴头及管道系统等。管道系统由干管、支管和毛管组成。干管直径有65mm、80mm、100mm；支管直径有20mm、25mm、32mm、40mm、50mm；毛管直径有10mm、12mm、15mm等规格。干管和支管应根据葡萄园地形、地势情况布置。丘陵地区，干管应在较高部位沿等高线敷设，支管则垂直于等高线向毛管配水；平地葡萄园，干管铺在园地中部，干管和支管尽量双向连接下一级管道，毛管顺葡萄行敷设，并固定在葡萄架上的第一道铁丝上，长度控制在50～100m。

滴头是滴灌系统的关键，普遍应用的是微管滴头，内径有0.95mm、1.2mm和1.5mm。一般每隔0.3～0.4m安装1个微管滴头。

【滴灌的优点】

一是节约用水。滴灌仅湿润植株根部附近的土层和表土，大大减少水分蒸发。由于滴灌省水，在干旱缺水地区最适合发展滴灌，使小水发挥较大作用。

二是提高产量。滴灌能经常地对根域土壤供水，使根系处于良好的需水状态。由于植株根系发育良好，新梢生长健壮，因而滴灌可提高葡萄产量30%～80%。如滴灌结合施肥，可有效地节约肥料和省工。

三是适应地域广。滴灌适于平原、山区、沙漠、盐碱地采用。

四是滴灌时水分不向深层渗漏，因而土壤底层的盐分或含盐的地下水不会上升并积累至地表，所以不会产生次生盐碱地。

滴灌的缺点是需要管材较多，投资较大；管道和滴头容易堵塞，对过滤设备要求严格；滴灌不能调节小气候，不适用于结冻期间应用。

3. 排水

土壤排水不良，甚至严重积水，会大大降低坐果率，同时引起叶片黄化，导致真菌病害和缺素症（如缺硼）等发生。因此，在葡萄园规划、设计、建园时，必须建设好符合要求的排水系统。在葡萄园管理中，要加强排水系统的管理，经常清理泥沟，清除杂草，保持常年排水畅通。

（1）排地表积水 地表积水是由于暂时排不出水所引起的，平地葡萄园多采用高垄栽培，排水沟主要包括行间的小排水沟、小区间的大排水沟和全园的总排水沟。总排水沟控制全园地下水位。要检查这些排水沟是否畅通无堵塞。一般小排水沟比垄面低 30～40cm，大排水沟比垄面低 50～60cm，总排水沟深 80～100cm。梯田栽培的葡萄园包括梯田内侧的小排水沟、梯田两端的大排水沟和全园总排水沟。

（2）排降深层积水 修筑地下排水管道排除深层土壤积水。方法是用多孔的水泥管或陶管，外包一层纤维类的东西作渗水用，管直径为 15～～20cm，深埋在 1m 以下。这样不但可以排水，而且增加土壤孔隙度和通透性。另外，可在行间挖沟（可几行挖一条沟），深为 100cm，宽为 50cm；在沟底放一层 20～30cm 厚的砾石、炉渣等作为滤水层，其上覆 20cm 厚的秸秆，再将原土回填；使园内各沟连通，并通向园外的总排水沟排出园外。

九 整形和修剪

酿酒葡萄一般采用篱架扇形整枝，篱架适于密植建园，能早期丰产；立壁两面受光，通光透光良好；营养面积大，留条多，产量高；浆果着色好，品质好；土壤管理、病虫害防治、修剪、采收等作业方便，也有利于机械化操作，适合大面积建园和规模化生产。

篱架的缺点是植株垂直极性表现强，易使结果部位上移，对生长旺盛，结实部位高的品种，常不能满足生长需要。

1. 多主蔓扇形整形

这种树形对架面利用比较合理，容易更新枝蔓，产量较高，但管理不当，容易使架面密闭，通风透光不良。

对于无干多主蔓，主蔓和结果母枝基本不超过第二道铁丝。适用于栽植密度大和长势较弱的品种，土壤瘠薄、肥力差的葡萄园适宜采用此整形方式。整形过程如下：

【第一年】 苗木定植萌芽后，选健壮新梢2~3个，作为主蔓培养。新梢长度大于20cm时，及时将新梢引缚到横丝上。当新梢长40cm左右时摘心，促进新梢粗壮充实。摘心后，顶端副梢生长到15~20cm时再摘心，对其余副梢，仅留2~3片叶反复摘心，使主蔓充分成熟、木质化和冬芽饱满。当年冬剪时，节间较长的品种留3~5个芽剪截；节间较短的品种留6~8个芽剪截。

【第二年】 萌芽生长后，每主蔓上选留2~3个粗壮且部位适当的新梢，其余新梢和萌芽全部抹除。当选留新梢生长到30~40cm时第一次摘心，其后根据新梢生长情况对主梢进行第二次摘心；摘心后萌发的副梢仅留顶端一个，长至20~30cm时摘心，其余副梢仍然留2~3片叶反复摘心，以促芽眼分化和形成花芽。冬剪时按品种结果习性和修剪要求进行修剪。

【第三年】 植株萌芽后，二年生主蔓上的结果母枝长出的结果枝，每个结果母枝上选留1~3个结果枝，继续选留上部结果部位，培养结果母枝，树体基本完成整形。当年和以后每年冬剪时进行单枝更新修剪，控制好结果部位即可。

中扇形、多主蔓扇形的整形与小扇形相似，只是第一年多选留主蔓。

【单枝更新】 冬季修剪时不留预备枝，仅留下部的1个结果母枝。次年萌发后，结果母枝上部芽眼萌发成结果枝结果；基部留一个生长良好的新梢作为下一年新的结果母枝培养，此新梢上如着生花穗应摘除。冬季修剪仅留下部新结果母枝，其上枝条全剪除，下一年仍然按上述方法修剪。年年保持一个结果母枝。单枝更新枝组形成快，新梢不郁密遮阴，结果枝比例高，修剪管理方便，但更新效果差，枝组仅保持3~5年。

2. 独龙干整形

株距0.8~1m、行距3~3.5m定植。

【第一年】 当年定植苗萌发后，选留1个粗壮新梢培养成主蔓，新梢长度大于20cm时，及时将新梢引缚到横丝上。待新梢长到

60cm时摘心，副梢长出后，留顶端2个副梢延长，留4~5片叶反复摘心，其余副梢全部抹去。冬季修剪时，将主蔓上的副梢全部剪去，每株只保留1个长0.4~0.5m的健壮主蔓。

【第二年】 芽眼萌发后，留主蔓顶部1个粗壮的新梢，其余新梢和萌芽全部抹除。新梢长至0.6~0.8m时第一次摘心，其后根据新梢生长情况对主梢进行第二次摘心；摘心后萌发的副梢仅留顶端一个，长至20~30cm时摘心，其余副梢仍然留2~3片叶反复摘心，以促枝蔓成熟。冬季修剪时，将主蔓上的副梢全部剪去，每株只保留顶端1个长0.5~0.6m的健壮主蔓作为延长蔓。

【第三年】 春天葡萄出土后，枝蔓同一方向倾斜60°绑缚在架面上，第一道铁丝以下的萌芽全部抹去；第一道铁丝以上，每隔15~20cm选留1个结果枝，次年培养成结果母枝。主蔓顶部留1个健壮的新梢作为延长蔓。冬季修剪时，在每个结果枝的基部剪留2~3个芽作为结果母枝（较弱的结果枝剪留1个芽）。延长蔓根据主蔓的长度适当留30~50cm。

以后每年在短结果母枝上选留1个好的结果枝结果，在架面未布满时，可利用主蔓顶端结果枝作为延长枝，延长枝剪留长度不宜过长，一般剪留6~7节，到满架为止。应用这种树形一定要注意培养好系列短结果枝组，要像蜈蚣腿一样，排列整齐，不要形成光秃、残缺，万一出现，要及时培养补上或者更新。

这种整枝形式的优点是技术简单，易于掌握，结果枝在架面上分布均匀，有利于通风透光。

3. “厂”字整形

“厂”字形，又称斜干水平式龙干形（图8-1）。与传统篱架栽培模式相比，具有技术简单易懂、操作方便、管理省工、埋出土容易等优点。整形步骤如下：

【第一年】 在葡萄定植时，主蔓与地面保持60°左右的夹角，同一方向倾斜。架面的第一道铁丝距地面60cm，第二道铁丝距地面110cm，第三道铁丝距地面160cm。当苗木萌发后，选留1个粗壮新梢培养成主蔓，及时将新梢引缚到横丝上。待新梢长到60cm时摘心，副梢长出后，留顶端2个副梢延长，留4~5片叶反复摘心，其余副梢全部抹去。冬季修剪时，将主蔓上的副梢全部剪去，每株只保留1个长0.4~0.5m的健壮主蔓。

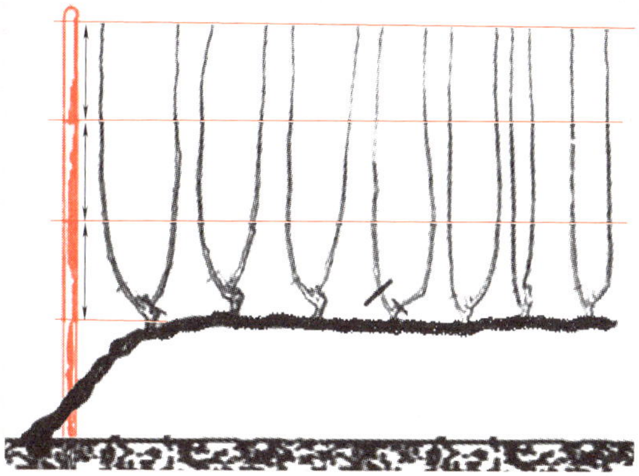

图8-1 “厂”字架形

【第二年】 春季上架时，所有蔓顺行同向倾斜60°上架，芽眼萌发后，留主蔓顶部1个粗壮的新梢，其余新梢和萌芽全部抹除。新梢长至0.6~0.8m时第一次摘心，其后根据新梢生长情况对主梢进行第二次摘心；摘心后萌发的副梢仅留顶端一个，长至20~30cm时摘心，其余副梢仍然留2~3片叶反复摘心，以促枝蔓成熟。冬季修剪时，将主蔓上的副梢全部剪去，每株只保留顶端1个长0.5~0.6m的健壮主蔓作为延长蔓。

【第三年】 春天上架时，主干与地面夹角30°~45°。主蔓水平绑在第一道丝上，结果枝垂直绑缚在第2~3道铁丝上。延长梢往上倾斜45°绑缚。冬季修剪时一年生枝蔓留2~3个芽修剪，作为来年结果母枝。延长梢长度为0.4~0.6m，长度不够时剪留口在直径0.7cm处。

以后的管理如第三年管理，采用单枝更新的方法修剪。注意结果枝组的及时更新。

4. 双臂单层水平整形

在冬季不需要埋土防寒的酿酒葡萄栽植区域，可采用双臂单层水平整形。

【第一年】 培养1~2个健壮的、直立生长的枝蔓，冬剪时留40~60cm。

【第二年】 春天，将2个一年生枝反向倾斜60°~70°引缚到架面上。萌芽后，每个枝上选留顶端的1个强壮的新梢向两侧倾斜向上引缚，将其余的萌芽抹掉。冬季修剪时，留6~8个芽进行长梢修剪，作为两侧臂枝蔓。

【第三年】 春天，将臂枝向两侧水平绑到第一道铁丝上。萌芽后，每隔15~20cm留1个新梢，使其成为结果枝。冬季修剪时，一年生枝蔓留2~3个芽修剪作为第二年的结果母枝，延长梢留0.4~0.6m，使其向两端延伸直至布满株间架面。

【第四年】 在每个结果母枝上留2个新梢，冬季修剪时，采用单枝更新的方法修剪，以后每年适当地更新修剪，使结果部位相对稳定。

十 越冬防寒技术

1. 埋土防寒

葡萄防寒越冬，是寒冷地区葡萄生产中繁重而又重要的一项管理工作，我国北方酿酒葡萄产区除极耐寒的山葡萄系品种外，都需进行覆盖防寒，以保证植株安全越冬及下一年结果和丰产。目前，葡萄冬季防寒越冬的主要方法仍然是埋土防寒，埋土在落叶后2周至土壤结冰之前进行（即11月上旬左右），采用开浅沟的方法埋土。

具体做法是将修剪后的枝蔓顺同一方向压倒，用草绳捆绑，然后再埋土。土壤要湿度适中（土壤相对含水量为65%~70%），枝蔓以上要覆土20~30cm，上下拍实，防止透风。挖掘覆土的距离距植株50cm以上，以防止植株根系受冻。在我国北方酿酒葡萄产区，一般采用以机械埋土为主、人工辅助相结合的方式。

春天在葡萄植株伤流期开始时即可撤去覆土。出土分两次进行，第一次用出土机械将枝蔓周围的土除去，待晚霜冻过后，人工将枝蔓处的土全部清理干净，并将枝蔓绑缚到葡萄架面上。出土要小心仔细，尽可能减少对枝蔓的损伤。

2. 防霜冻

霜冻是影响葡萄生产的最严重自然灾害之一，尤其是晚霜冻，轻则减产，严重时会造成当年大幅度减产，甚至绝产。因此，在葡萄萌芽期，特别要注意防霜冻危害。

熏烟防霜能提高气温 1～2℃，霜冻前灌水和喷水也有一定的效果。可采用枝蔓出土后先不上架、待终霜后再上架的方法，以便于随时覆盖防霜。大面积葡萄园加热防霜成本低、效果好，有条件的葡萄园可应用。

第九章 葡萄病虫害防治

葡萄的病虫害种类很多，它们包括真菌病害、细菌病害、病毒病害、生理病害和多种虫害。一般湿热地区病虫害多，而干燥和冷凉地区少。

第一节 葡萄病害

一 霜霉病

【症状】 霜霉病主要为害叶片，也为害花序、花蕾、浆果、新梢等。霜霉病最容易识别的特征是在叶片背面、浆果病斑、花序或果梗上产生白色的霜状霉层。

1）叶片症状。霜霉病为害叶片，初期为细小、浅黄色、水浸状的斑点，而后在叶正面出现黄色或褐色、不规则、边缘不明显的病斑，叶背面形成白色霜霉状物。叶片的老化程度不同、被侵染时间的长短不同，正面病斑的颜色也会不同，如浅黄色、黄色、红褐色；病斑的形状也不同，表现为没有明显边缘的叶斑和叶脉限制的角状斑。发病严重时，数个病斑连在一起，叶片焦枯、脱落（彩图 29 和彩图 30）。

2）花梗、果梗、新梢、叶柄症状。霜霉病为害果梗、花梗、新梢、叶柄，最初形成浅颜色（浅黄色、黄色）水浸状斑点，之后发展为形状不规则的病斑，颜色变深，为黄褐色或褐色。天气潮湿时，会在病斑上出现白色霜状霉层；空气干燥时，病部凹陷、干缩，造成扭曲或枯死。开花前后的霜霉病，如果侵染花序、果梗或穗轴，使用内吸性杀菌剂后症状可消失，但后期（转色期前后）容易造成干梗。

3）花蕾、花、幼果症状。最初形成浅绿色病斑，之后颜色变深，呈深褐色。开花前后造成落花落果。大一些的幼果，感病初期，病斑颜色浅，为浅绿色，之后变深、变硬，随果粒增大形成凹陷病斑，天气潮湿时，也会出现白色霜状霉层；天气干旱、干燥时，病粒凹陷、僵化、皱缩脱落。

【发病规律】 霜霉病的发生及发生程度取决于叶片上的水分，空气湿度起辅助作用。潮湿的天气，连绵多雨、潮湿的春天，连接上夏天的雨水，霜霉病发生早且重。夏季的雨水不但提供了暴发的条件，而且会刺激新梢、幼叶的生长和组织含水量的增加，使植株更加感病，从而导致病害流行和大暴发。温度不是影响霜霉病的决定因素，霜霉病发生的最适宜温度为22～25℃，高于30℃或低于10℃都会抑制霜霉病的发生。

【防治药剂】

1）保护性杀菌剂。

① 50%保倍3000～4000倍液。是目前最优秀的杀菌剂之一，杀菌谱广，几乎对所有真菌有效，而且保护时间特长，大约1个月，安全性好，特别适于花前花后施用，连续施用2～3次，还能起到一定的增产和提高果品质量的作用。

② 50%保倍福美双1500～2000倍液。在葡萄上，作为优秀保护剂可以用于花前、花后和关键时期，发挥其广谱和持效长的优点。也可于霜霉病大发生时，与治疗剂配合使用。

③ 80%水胆矾石膏（波尔多液）500～800倍液。铜制剂，触杀性，可用于发病前的预防，或发病后和治疗剂配合使用，开花前、雨季都可以施用。

④ 42%代森锰锌600～800倍液。广谱保护性杀菌剂，安全性好，花前、花后、小幼果期均可施用，耐雨性极好，特别适宜在雨

水较多的地区，或者雨前施用。

⑤ 波尔多液。最普通的杀菌剂，1∶(0.5～1)∶(200～240) 倍液。套袋葡萄套袋后、大幼果期、葡萄采收后等可以施用。雨季8天左右1次；干旱时15～20天1次。

⑥ 30%王铜（氧氯化铜）800～1000倍液。

⑦ 0.3%苦参碱乳油600倍液。防治霜霉病，兼治虫害。

2）内吸性杀菌剂。

① 50%金科克4000～4500倍液。是葡萄霜霉病的特效治疗剂，连续施用较易产生抗性，每年使用最多3次。

② 80%霜脲氰2500倍液。与保护性杀菌剂混合或配合施用，可以作为霜霉病的跟进治疗措施。

③ 25%精甲霜灵2500倍液（病重时用2000倍液）。是霜霉病的特效内吸治疗性药剂。

④ 霜霉威600倍液。是葡萄霜霉病的有效治疗剂。

⑤ 三乙磷酸铝（乙磷铝、疫霜灵）600倍液。

3）混配制剂。

① 60%氟吗啉·锰锌600倍液。

② 69%烯酰吗啉·锰锌600倍液。

③ 缬霉威·丙森锌700～800倍液等。

【防治关键】

① 搞好田间卫生。秋季或冬季修剪后，把枯枝、烂叶、落叶清出园外集中烧毁。

② 雨季要进行规范防治，即10天左右使用1次杀菌剂，一般以保护性杀菌剂为主。

③ 霜霉病发病初期，一般先形成发病中心，对发病中心重点防治。

④ 冬季雨雪比较多的地区，发芽后至开花前，是重点防治时期之一。冬季干旱、春季雨水多，要注意花前、花后的防治；一般情况，应注意雨季、立秋前后的防治。

⑤ 喷洒药剂要均匀、周到，尤其是使用没有内吸传导的药剂时。喷药的重点部位是叶片的背面，但同时要注意开花前、后喷洒花序

和果穗。

⑥ 在北方葡萄产区的立秋前后，或发现霜霉病时，应使用1～2遍内吸性杀菌剂。注意内吸性杀菌剂与保护性杀菌剂混合或交替使用。

【救灾措施】 田间霜霉病普遍发生或霜霉病侵染花序或果穗，应采取紧急处理措施。这种措施，是使用药剂的救灾性措施。霜霉病比较普遍，紧急施用3次药剂。

第一次用药。保护性杀菌剂＋内吸性杀菌剂。建议施用比较优秀的杀菌剂，如80%水胆矾石膏600倍液（或42%代森锰锌600倍液）＋50%金科克3000～4000倍液。

第二次用药。在第一次用药后的3～4天进行。一般单独使用内吸性杀菌剂（或高渗透药剂），如80%霜脲氰2500倍液（或25%精甲霜灵2000倍液）。

第三次用药。在第二次用药后的4～5天进行。施用保护性杀菌剂＋内吸性杀菌剂，如90%乙磷铝800倍液＋80%代森锰锌800倍液。

之后进入正常管理。具体用药情况，请按照田间具体情况和气候情况，调整施用的次数和剂量。

二 白粉病

【症状】 白粉病可以侵染叶片、浆果、枝蔓等所有绿色部分。幼嫩组织比较容易受到侵染和危害，但老叶等也受害。

1）叶受害后，先在叶片正面产生灰白色、没有明显边缘的“油性”病斑，上面覆盖有灰白色的粉状物；严重时整个叶片都覆盖有灰白色的粉状物，包括叶片的背面（一般正面多、背面少），使叶片卷缩、枯萎，而后脱落；有时能在叶片上形成小黑点。幼叶受害后，会扭曲变形，基本停止生长（彩图31）。

2）花序发病，花序梗受害部位开始颜色变黄，而后花序梗发脆，容易折断。

3）穗轴、果梗和枝条发病，出现不规则的褐色或黑褐色斑，羽纹状向外延伸，表面覆盖白色粉状物。有时，病斑变为暗褐色。受害后，穗轴、果梗变脆，枝条不能老熟。

4）浆果对白粉病敏感，糖分在8%之前的任何时期，都能感染白粉病；浆果的含糖量超过15%，浆果不会被侵染。浆果发病时，表面产生灰白色粉状霉层，用手擦去白色粉状物，能看到在浆果的皮层上有褐色或紫褐色的网状花纹。小幼果受害，浆果不易生长，果粒小，易枯萎脱落；大幼果得病，容易变硬、畸形，易纵向开裂；转色期的果粒得病，糖分积累困难，味酸，容易开裂（彩图32）。

【发病规律】 越冬菌源是白粉病流行的基础条件。水和湿度是白粉病流行的限制因素。设施栽培的葡萄（避雨栽培、温室、大硼葡萄），最有利于白粉病的发生和流行；生长季节干旱的葡萄种植区，有利于白粉病的发生和流行；雨水中等的葡萄种植区，遇到干旱年份，白粉病的发生和流行机会就大；生长季节雨水多的地区，白粉病不易发生和流行。

【防治药剂】

1）硫制剂。石硫合剂、硫黄粉剂、硫胶悬剂、硫水分散粒剂、多硫化钡。

2）保护性杀菌剂。50%保倍福美双1500倍液、百菌清、农抗120、武夷菌素、芽孢杆菌制剂等。

3）内吸性杀菌剂。10%美铵600～800倍液、20%苯醚甲环唑3000～5000倍液、80%戊唑醇6000～10000倍液、50%醚菌酯3000倍液、50%多菌灵600倍液或70%甲基硫菌灵800～1000倍液、40%氟硅唑乳油8000～10000倍液、12.5%烯唑醇2500～4000倍液。

【防治关键】

1）搞好田间卫生，把修剪下来的枝条、叶片、病果粒、病果梗和穗轴收集到一起，清理出田间，集中处理。

2）发芽前和发芽后，应采取防治措施（施用2次农药）。

3）开花前、落花后至套袋前，是防治白粉病的关键时期。可以根据去年白粉病发生的情况、本地区（或地块）气候特点，结合防治其他病害的防治措施，采取合适的措施。

4）幼果生长期至转色期，要严格监测，发现危害，及时采取措施。

5）浆果采收后，根据田间发病情况，确定是否采取措施。

【救灾措施】

1）50%保倍3000倍液+20%苯醚甲环唑3000倍液全园施用；经过5天左右，施用10%美铵600倍液或50%保倍福美双1500倍液。

2）20%苯醚甲环唑2000倍液+50%保倍福美双1500倍液全园施用；经过5天左右，施用10%美铵600倍液（或50%保倍3000倍液+80%戊唑醇8000倍液）。

三 白腐病

【症状】 白腐病主要为害穗轴、果粒和枝蔓，也为害叶片，但常见和典型的症状是在果穗上。一般穗轴和果梗先发病，而后侵染浆果。对于篱架或结果部位低的葡萄，靠近地面的葡萄首先得病。果梗或穗轴上被侵染，首先为浅褐色、边缘不规则、水渍状病斑，之后向上、下蔓延。

得病的果梗或穗轴为褐色软腐。通过果梗到达果粒后，果粒从果梗基部（果刷）发病，表现为浅色软腐，整个果粒没有光泽；而后全粒变为淡淡的蓝色透粉红的软腐；而后出现褐色小脓包状突起，在表皮下形成小粒点，使果粒表现发白，所以这种病害被称为白腐病。气候适宜还会导致病斑向上蔓延，从果梗或分穗轴蔓延到主穗轴时，造成大部分或整个果穗腐烂。病果粒脱落在田间，成为以后的病原（彩图33）。

白腐病侵染穗轴后，尤其是主穗轴，遇到干旱天气，在病斑下部会迅速干枯，使下部的浆果萎蔫、不成熟、没有光泽。这种症状总体上看与缺钙或缺锰等生理性病害类似，比较难区分。

白腐病为害枝条，当年的新蔓易受害。枝蔓的节、剪口、伤口、接近地面的部分是受害点。枝蔓受害形成溃疡型病斑。开始，病斑为长型、凹陷、褐色、坏死斑，之后病斑干枯、撕裂，皮层与木质部分离，纵裂成麻丝状。在病斑周围，有愈伤组织形成，会看到病斑周围有“肿胀”，这种枝条易折断。如果病斑围绕枝蔓一圈，病斑上部的一段枝条“肿胀”变粗，最后，上部枝条枯死。幼苗、嫁接苗砧木、种植后的第一年，葡萄的枝蔓易受白腐病危害。

白腐病也可为害叶片。多从叶尖或叶缘发病，开始为浅褐色、水渍状、沿叶缘或叶尖向内发展形成病斑，最先发病的颜色较深、发病晚的颜色较浅，所以，病斑呈类似于同心轮纹状。在叶片上也可以形成分生孢子器（彩图34）。

【发病规律】 白腐病病菌的侵染循环有两个截然不同的阶段。比较短的寄生阶段和在土壤中的比较长的休眠阶段。雨水和冰雹造成的泥水飞溅、农业操作中造成的尘土飞扬，都会把病菌传播到果穗上。通过皮孔、伤口，最主要是冰雹造成的伤口、病虫害造成的伤口等，可以成为白腐病侵入的通道。冰雹、暴风雨天气是白腐病流行的最主要条件，潮湿（雨）和温暖的天气成为发生的条件。

【防治药剂】

1）保护性杀菌剂。50%保倍福美双1500倍液，用于花前、花后和关键时期，发挥其广谱和持效长的优点，病害发生后可以与治疗剂配合施用。还可以用42%代森锰锌600~800倍液、78%代森锰锌+水胆矾石膏600~800倍液、80%代森锰锌800倍液、50%福美双1:50毒土对地面或土壤处理、80%炭疽福美600~800倍液、80%福美锌800倍液、80%代森锌600~800倍液、70%丙森锌600倍液。

2）内吸性杀菌剂。20%苯醚甲环唑3000~5000倍液、40%氟硅唑乳油8000~10000倍液（不能低于8000倍液）、22.2%抑霉唑1200~1500倍液或97%抑霉唑4000倍液、80%戊唑醇6000~10000倍液、30%苯醚甲环唑·丙环唑乳油2000~3000倍液（对果粉有不利影响，酿酒葡萄后期施用没有影响）、12.5%烯唑醇3000~4000倍液（不能低于3000倍液）、50%多菌灵600倍液、70%甲基硫菌灵800~1000倍液。

【防治关键】

1）搞好田间卫生。把病果粒、病果梗和穗轴、病枝条收集到一起，清理出田间，集中处理（如发酵堆肥、高温处理等）。

2）出土上架后的处理。对枝蔓进行药剂处理。施用石硫合剂；发芽前后雨水多的地区或年份，芽前施用80%水胆矾石膏400倍液+保倍福美双1500倍液或50%福美双600倍液，也可以芽前施用保倍福美双或福美双、芽后施用水胆矾石膏；白腐病发生比较重的地区或地块，芽前施用保倍福美双或福美双、芽后施用1次氟硅唑或戊唑醇、3～6片叶期施用1次水胆矾石膏600倍液。

3）落花后至封穗前的处理。落花后至封穗前对于很多病害是关键性防治时期。用1～2次内吸性杀菌剂。套袋葡萄，套袋前一般施用3次左右杀菌剂。

4）田间管理措施频繁造成伤口。田间操作造成大量伤口，应该在产生伤口后尽快施用1次药剂，如保倍福美双1500倍液+20%苯醚甲环唑3000倍液。

5）特殊天气（冰雹、暴风雨）后的紧急处理。出现特殊天气，必须喷洒药剂。12h以内，施用保护性杀菌剂保倍福美双；18h以后，可以施用保护性药剂+内吸性药剂。

6）发现白腐病后的处理。如果果园普遍出现白腐病，首先剪除病粒、病穗等，而后用药剂处理整理后的果穗。

7）避免氮肥过量。氮肥过量会导致葡萄对白腐病等多种病害的敏感性增强，增大发生的可能性（或增加危害程度）。

【救灾措施】

1）冰雹过后。尽快施用1次40%氟硅唑（稳歼菌）8000倍液+50%保倍福美双1500倍液，5天左右，再用1次20%苯醚甲环唑3000倍液。

2）鲜食葡萄套袋前。用50%保倍3000倍液+20%苯醚甲环唑2000倍液+97%抑霉唑4000倍液（根据病害压力酌情选用1～3种使用）处理穗部，也可以结合膨大措施和部分膨大剂一起用药。

3）鲜食葡萄套袋后。如果发现果穗感染白腐病，说明套袋前的处理措施不到位。对发病严重的果穗，直接剪除，带出田外处理；发病较轻的果穗，先剪除发病的部分，再用20%苯醚甲环唑2000倍液+97%抑霉唑4000倍液处理穗部，兼治炭疽和灰霉病，还不会伤害果粉。

4）不套袋鲜食葡萄发生白腐病时。全园施用20%苯醚甲环唑1500倍液，5天左右施用50%保倍福美双1500倍液+80%戊唑醇6000倍液，喷药重点是发病部位，之后正常管理。

5）酿酒葡萄发生白腐病时。全园施用20%苯醚甲环唑3000倍液+40%氟硅唑8000倍液或者20%苯醚甲环唑3000倍液+80%戊唑醇 8000 倍液。也可以用 80% 戊唑醇 6000 倍液或 30% 苯醚甲环唑·丙环唑 3000 倍液全园喷雾，重点是发病部位，5 天后再施用 50% 保倍福美双 1500 倍液 + 12.5% 烯唑醇 3000 倍液。之后正常管理。

四 灰霉病

【症状】 在我国，灰霉病发生危害的时期包括两个，开花期和成熟期。但冬季雨水多和春季多雨的地区，早春也会侵染葡萄的幼芽、新梢和幼叶。

幼芽和新梢受害，成褐色病斑，导致干枯。在晚春和花期，叶片上被侵染后会形成大的病斑，一般在叶片的边缘、比较薄的地方，病斑为不规则形状、红褐色。

在花帽脱落前（开花前至开花），病菌可以侵染花序，造成腐烂或干枯，而后脱落。开花后期，病菌会频繁侵染逐渐萎蔫的花帽、雌蕊和败育的幼果，侵染果梗和穗轴。这些受感染的果梗和穗轴开始形成小型的褐色病斑，之后病斑颜色逐渐加重变为黑色。在夏末，这些病斑发展成围绕果梗或穗轴一圈的病斑，导致果穗萎蔫甚至脱落（在气候干燥时），或产生霉层导致整个果穗腐烂（气候湿润时）。

进入成熟期，灰霉病病菌可以通过表皮和伤口直接侵入浆果。比较紧的果穗，浆果互相挤压，先通过相邻的果粒传染，然后霉层会逐渐侵染整个果穗。白色品种被感染，果粒变成褐色；有色葡萄品种被侵染，果粒变成红色。如果气候干燥，被侵染的果粒干枯；如果气候湿润，果粒会破裂，并且在浆果表面形成鼠灰色的霉层（彩图 35）。

对于鲜食葡萄，被侵染的果穗在低温储藏期间，穗轴可以发展成湿腐，并逐渐被褐色霉层覆盖，被侵染的果粒，会形成褐色圆形病斑，并逐渐发展到整个果粒，病斑的表皮易被擦掉。

湿度大时，成熟不好的枝蔓在晚秋和初冬可以被侵染，表现为皮层被“漂白”，并在表面形成黑色菌核和灰色霉层。

【发病规律】 以秋季在枝条上形成的菌核越冬，有些地区以菌丝在树皮和休眠芽越冬。成熟期葡萄园中的灰葡萄孢分生孢子的数量最大。在适宜温度（15~20℃）和满足水分要求（90%以上湿度）条件下，侵入需要15h；如果温度比较低，会需要更长的时间完成侵入。

通过部分感病葡萄品种的表皮直接侵入。如果有伤口存在，如虫害、白粉病、冰雹、鸟害等造成的伤口，会加速和促进葡萄灰霉病的侵染和发病。花期的后期，气象条件合适时，病菌还可以通过柱头或花柱侵入子房。当然，这种侵入在当时不会造成任何症状，但浆果成熟期会导致发病。

【防治药剂】

1）保护性杀菌剂。50%保倍福美双1500倍液、80%福美双1000~1200倍液、50%乙烯菌核利500倍液、50%腐霉利600倍液、50%异菌脲500~600倍液或25%异菌脲300倍液。

2）内吸性杀菌剂。70%甲基硫菌灵800倍液或50%多菌灵500~600倍液、22.2%抑霉唑1000~1200倍液或97%抑霉唑4000倍液、40%嘧霉胺800~1000倍液、10%多抗霉素600倍液或3%多抗霉素200倍液、50%乙霉威+多菌灵600~800倍液、50%啶酰菌胺1500倍液。

3）其他。低温（-1~0℃）和二氧化硫气体熏蒸相结合的方法可有效防治储藏期间葡萄的灰霉病。

【防治关键】

1）搞好田间卫生。把病果粒、病果梗和穗轴、病枝条收集到一起，清理出田间，集中处理（如发酵堆肥、高温处理等）。

2）防治灰霉病有以下几个关键时期：花序分离期；谢花后期至坐果期；封穗前；开始成熟时；浆果采收前的20天左右。

3）套袋栽培，一般是花前、花后、套袋前三个时期，需要进行防治。

五 黑痘病

【症状】 黑痘病又名疮痂病，俗称“鸟眼病”，主要为害葡萄的绿色幼嫩部位（如浆果、果梗、叶片、叶柄、新梢和卷须等）。

叶片发病，形成近圆形或不规则的病斑。病斑直径为1~5mm，边缘为红褐色或黑褐色；病斑外有浅黄色的晕圈；病斑中央为灰白色，并逐渐干枯、破裂，形成穿孔；严重发生时，病斑会连在一起。

叶脉上的病斑呈菱形、凹陷，颜色为灰色或灰褐色，边缘为暗褐色；严重时造成叶片扭曲、皱缩。

果粒受害，会呈褐色圆斑。以后中部变成灰白色，稍凹陷，直径为3~8mm；病斑外部（边缘）颜色比较深，呈褐色或红褐色或暗褐色或紫色，类似鸟眼状，所以有时被称为“鸟眼病”。受害浆果病斑会硬化或龟裂，失去食用或利用价值（彩图36）。

果梗、叶柄、新梢、卷须受害，初期呈近圆形或不规则的病斑，以后扩大为近椭圆形，病斑连接会呈长条行或不规则形，以后变为灰黑色，病斑外部颜色比较深，为暗褐色或紫色，中部凹陷，之后开裂，形成溃疡斑。病梢发病严重时，生长停止或萎蔫枯死。

穗轴、小穗轴受害，形成的症状与新梢或叶柄相同，会造成整穗或部分小穗发育不良甚至枯死；果梗形成的症状与新梢相同，会造成下面的果粒干枯或脱落、僵化。

【发病规律】 黑痘病的发生和降雨、空气湿度及植株幼嫩情况关系密切，尤其与春季及初夏（4~6月）雨水多少，持续期长短关系最大。长期多雨高湿有利于病菌的生长发育；同时，多雨高湿有利于葡萄叶、果、梢等绿色幼嫩组织的生长，发病严重。天旱年份以及少雨地区，新梢抽出缓慢，感病组织少，病害减轻。

【防治药剂】

1）保护性杀菌剂。80%水胆矾石膏（波尔多液）400~800倍液、50%保倍3000倍液、50%保倍福美双1500倍液、42%代森锰锌800倍液、波尔多液和30%王铜（氧氯化铜）600~800倍液、78%水胆矾石膏+代森锰锌600~800倍液等。铜制剂是控制黑痘病的最基础和最关键的药剂。

2）内吸性杀菌剂。20%苯醚甲环唑3000倍液、40%氟硅唑8000倍液、80%戊唑醇6000倍液、70%甲基硫菌灵1000倍液、50%多菌灵600倍液等。

【防治关键】

1）搞好田间卫生。把修剪下来的枝条、叶片、病果粒、病果梗和穗轴收集到一起，清理出田间，集中处理（如发酵堆肥、高温处理等）。

2）防治黑痘病要早。发芽前和发芽后，必须采取防治措施。根据所在地区的气候条件或栽培方式（是否为设施栽培），确定采取的具体措施。一般施用保护性的药剂，如80%水胆矾石膏、50%保倍福美双、波尔多液等。

3）防治黑痘病的最关键时期是开花前、落花后。可以根据去年黑痘病发生的情况、本地区（或地块）气候特点，结合防治其他病害的措施，采取合适的措施。一般施用内吸性的药剂，如20%苯醚甲环唑、40%氟硅唑、80%戊唑醇、70%甲基硫菌灵、50%多菌灵等。

4）雨季的规范防治措施。雨季的新梢、新叶比较多，容易造成黑痘病的流行，应根据品种和果园的具体情况采取措施。一般以保护剂（如80%水胆矾石膏、50%保倍福美双、波尔多液、30%王铜等）为主，结合内吸性药剂（20%苯醚甲环唑、40%氟硅唑等）。

六 褐斑病

【症状】 褐斑病仅为害叶片，症状有两种，其一为大褐斑病，初期在叶片表面产生许多近圆形、多角形或不规则的褐色小斑点，以后病斑逐渐扩大，常融成不规则的大斑，直径可达2cm以上。病斑中部呈黑褐色，边缘呈褐色，病、健部分分界明显，病害发展到一定程度时，病叶干枯破裂且早期脱落，严重影响树势和第二年的产量。其二为小褐斑病，病斑较小，直径为2~3mm，大小较一致，呈深褐色，中部颜色稍浅，后期病斑背面长出一层明显的褐色霉状物（彩图37）。

【发病规律】 病菌在落叶上越冬，至第二年初夏通过气流和雨水传播，引起初次侵染。病菌从叶背气孔侵入，发病通常自植株下部叶片开始，逐渐向上蔓延。病菌侵入后，经过一段时期，于环境条件适宜时，引起再次侵染，造成陆续发病。直至秋末，病菌又在落叶病组织内越冬。

在葡萄生长的中后期雨水较多时，褐斑病容易发生和流行。褐斑病一般在出现老熟叶片时（5~6月）初发，7~9月为发病盛期。发病严重时可使叶片提早1~2个月脱落，严重影响树势和第二年的结果。

【防治药剂】

1）保护性杀菌剂。

① 50%保倍3000～4000倍液。封穗前后施用1～2次，褐斑病的防治效果良好。

② 50%保倍福美双1500倍液。

③ 80%水胆矾石膏400～800倍液。

④ 42%代森锰锌600～800倍液。广谱保护性杀菌剂，耐雨冲刷。

⑤ 78%水胆矾石膏+代森锰锌600倍液。

⑥ 80%代森锰锌800倍液。

⑦ 30%王铜（氧氯化铜）800～1000倍液。

⑧ 波尔多液。套袋葡萄套袋后、葡萄采收后等可以施用，雨季8天1次；干旱时15～20天1次。

2）内吸性杀菌剂。20%苯醚甲环唑水分散粒剂3000～5000倍液、80%戊唑醇6000～10000倍液、40%氟硅唑乳油8000～10000倍液、30%苯醚甲环唑·丙环唑乳油2000～3000倍液、50%醚菌酯水分散粒剂。3000倍液。

【救灾措施】

严重发病后立即施用80%戊唑醇6000倍液；5天左右，再施用20%苯醚甲环唑3000倍液或40%氟硅唑8000倍液或30%苯醚甲环唑·丙环唑3000倍液，之后正常管理。

农药使用时期为开始出现老叶的时期；部位，由于病害一般从植株下部叶片开始发生，以后逐渐向上蔓延，喷药要着重喷植株下部的叶片。

七 炭疽病

【症状】 炭疽病主要为害浆果，也侵染穗轴、当年的新枝蔓、叶柄、卷须等绿色组织。在幼果期，得病果粒表现为黑褐色、蝇粪状病斑，但基本看不到发展，等到成熟期（或浆果呼吸加强时）发病。成熟期的浆果得病后，初期为褐色、圆形斑点，而后逐渐变大并开始凹陷，在病斑表面逐渐生长出轮纹状排列的小黑点，天气潮湿时，小黑点变为小红点（肉红色），这是炭疽病的典型症状。严重时，病斑扩展到半个或整个果面，果粒软腐，或脱落或逐渐干缩形成僵果（彩图38）。

穗轴、当年的新枝蔓、叶柄、卷须得病，一般不表现症状，在第二年有雨水时产生分生孢子盘，并释放分生孢子成为最主要的侵染源。

【发病规律】 炭疽病病菌主要以菌丝在当年的绿色枝条（一般是结果母枝）上越冬。带病的越冬组织（如枝条、卷须等）经过水（雨水）充分润湿后形成分生孢子盘和分生孢子。分生孢子随着雨水飞溅，传播到新梢、叶片、叶柄、卷须、果柄、浆果上，并造成侵染。

【防治药剂】

1）保护性杀菌剂。

① 50%保倍水分散粒剂3000～4000倍液。

② 50%保倍福美双1500倍液。

③ 80%水胆矾石膏（波尔多液）600～800倍液。是控制炭疽病的重要药剂。

④ 42%代森锰锌600～800倍液。安全性极好，最不容易产生药斑的杀菌剂之一。

⑤ 78%水胆矾石膏600～800倍液。

⑥ 25%吡唑醚菌酯2000～4000倍液。

⑦ 30%王铜（氧氯化铜）800～1000倍液。

⑧ 波尔多液。现配现用的波尔多液，1:(0.5～1):(180～240)倍液。

⑨ 80%炭疽福美600～800倍液。

⑩ 80%福美锌800倍液。

⑪ 70%代森锌600～800倍液。

2）内吸性杀菌剂。

① 10%美铵水剂600～800倍液。

② 20%苯醚甲环唑水分散粒剂3000～5000倍液。后期用于炭疽病救灾时，用1000～1500倍液，可以与保倍、保倍福美双、美铵等

配合施用，效果更好。

③ 97%抑霉唑4000～5000倍液（或22.2%抑霉唑800～1200倍液）。

④ 80%戊唑醇6000～10000倍液。用于炭疽病救灾时，可用3000倍液。

⑤ 50%醚菌酯水分散粒剂3000倍液。后期与其他药剂配合用于对炭疽病的救灾措施。

【防治关键】

1）搞好田间卫生。把修剪下来的枝条、叶片、病果粒、病果梗和穗轴收集到一起，清理出田间，集中处理（如发酵堆肥、高温处理等）。

2）发芽后到花序分离，应根据雨水情况使用药剂。如果雨水多，应使用2～3次药剂，可以选择80%水胆矾石膏400～600倍液、80%福美双1000倍液等药剂。喷药重点部位是结果母枝，其次是新梢、叶柄、卷须。

3）开花前、落花后至套袋前的防治。结合防治其他病害进行规范防治，是防治炭疽病的最关键措施。可以根据雨水的情况，调整规范性防治措施。花序分离时使用50%保倍福美双1500倍液、开花前使用50%多菌灵600倍液或70%甲基硫菌灵800～1000倍液，落花后使用一次50%保倍福美双1500倍液，结合套袋前其他措施，套袋前用合适的药剂处理果穗，是套袋葡萄防治炭疽病的关键措施。

4）转色期和成熟期，严格监测、适时保护。药剂以水胆矾石膏、代森锰锌、美铵为主，套袋葡萄以波尔多液、水胆矾石膏为主；不套袋葡萄以50%保倍福美双、代森锰锌、美铵、水胆矾石膏为主。

八 褐纹病

【症状】 褐纹病主要为害葡萄叶片，在叶正面初为黄色不明显的病斑，后形成褐色斑点，周围有褪绿的浅绿色至黄色晕圈，后期呈褐色圆形或近圆形斑点。叶背面形成褐色至黑色圆形病斑，病斑边缘明显，周围有黄色晕圈，病斑表面有许多颗粒物，呈明显突起状，为病原菌成簇的分生孢子梗，病斑直径为0.3～1.1cm，病斑散生，严重时多个病斑连在一起，造成叶片枯黄脱落。

【发病规律】 褐纹病菌主要以孢子囊在落叶中越冬。温度对孢子囊存活影响不大，在低温情况下，该病菌可存活2~3个月。孢子从气孔进入或直接侵入寄主组织，经潜育期发病，进行再侵染。

【防治药剂】 75%百菌清800倍液、42%代森锰锌600倍液、25%嘧菌酯1500倍液、70%甲基硫菌灵1000倍液。

【防治关键】

1）清洁葡萄园。秋季或冬季修剪后，把枯枝、修剪下来的枝条、病叶、落叶收集到一起，发酵堆肥（或用其他方法处理）。

2）把好喷药质量关。喷洒药剂要均匀、周到，喷药的重点部位是叶片背面。

3）药剂交替使用。内吸性杀菌剂与保护性杀菌剂交替使用，不同作用机理的药剂也要交替使用。

【救灾措施】 出现发病中心时，人工摘除病叶。全园使用保护性药剂+内吸性药剂，如42%代森锰锌600倍液+70%甲基硫菌灵1000倍液整园喷施；5~6天后，以发病中心为圆心，30m为半径的地块，单独使用内吸性或有渗透作用的杀菌剂。

九 黑腐病

【症状】 黑腐病为害葡萄叶片和浆果，有时也可以为害叶柄、枝蔓、卷须和花梗等部位，其中以浆果受害最重。

幼果受害后开始出现稍微带白色的灰白色小斑点，很快变为紫褐色，边缘为黑色，病斑稍显凹陷。病斑扩展非常迅速，可发展至整个果粒，全果受害则形成软腐，后期病果失水后干缩成有棱角的黑色僵果，其上着生许多黑色小粒点。干缩变硬的僵果挂在树上不易脱落（彩图39）。

穗轴和果梗受害初期病斑较小，呈灰白色，后期变为黑色，稍凹陷，最终病斑可蔓延至果粒，病穗轴和果梗枯萎死亡，残留在结果母枝上。

新梢、叶柄、叶脉、花柄及卷须上的病斑呈紫黑色，多纵向扩展，病斑略凹陷，湿度大时，病斑上长出灰色霉状物，后期形成许多小黑点，多数沿病斑的外部褐色区域呈环形排列，不密集。有时叶柄上病斑环绕整个叶柄一周时，还会引起叶片枯死。

【发病规律】 黑腐病菌在僵果上越冬，也在病部越冬。第二年初夏，在气候潮湿的环境下，借助于气流和雨水传播到葡萄叶片、花穗和幼果等幼嫩器官上，引起初次侵染。该病菌对浆果的侵染从葡萄开花中期开始可一直持续到浆果成熟期为止。

高温、多雨、潮湿是病害流行的主要条件。一般情况下，从6月下旬至浆果采收期都可发病，此病几乎与白腐病同时发生，尤其是浆果近成熟期，如遇高温、多雨，此病则更易流行。欧亚种和美洲种的多数葡萄品种易感黑腐病。

【防治药剂】

1）保护性杀菌剂。铜制剂，如波尔多液、王铜、80%水胆矾石膏400~800倍液；百菌清，如70%百菌清700~800倍液；50%保倍福美双1500倍液；42%代森锰锌600~800倍液。

2）内吸性杀菌剂。多菌灵和甲基硫菌灵；三唑类杀菌剂。20%苯醚甲环唑3000~4000倍液等。

【防治关键】

1）要搞好园内卫生。秋季或冬季修剪后，把病叶、病穗和病果集中处理，以减少第二年的初侵染病菌来源。

2）防治黑腐病的杀菌剂使用时期：当新芽长到15~20cm时；开花前3~5天；在谢花后10~14天。

间隔10~20天喷一次药，直到浆果接近成熟止。如果叶子上已显示出黑腐病或生长季节潮湿时要经常喷药。

十 锈病

【症状】 锈病主要为害叶片。叶片正面出现不规则的黄色小斑点或黄斑，周围呈水渍状，在病斑叶背面产生锈黄色的粉状物，严重时粉状物布满整个叶背。秋季，病菌的黄色粉状物逐渐消失，在叶背面的表皮下出现暗褐色、多角形小粒点，表皮一般不破裂。有时在葡萄叶柄、嫩梢和穗轴上也可出现锈黄色的粉状物。病害严重时造成叶片枯萎，早落，浆果着色不良，成熟期延长，影响枝条成熟，第二年葡萄发芽不整齐。

【发病规律】 高湿利于病菌萌发，夜间高温为此病流行的必要条件，有雨或夜间多露的高温季节利于锈病发生，管理粗放且植株长势差易发病，山地葡萄较平地发病重。一般欧洲种抗病性较强，欧美杂交种抗性较差。

【防治药剂】 20%三唑酮3000倍液、20%苯醚甲环唑3000～4000倍液、75%甲基硫菌灵1000倍液。高温多雨季节到来之前，连续喷施2～3次药剂可以降低病害发生率。

十一 斑枯病

【症状】 斑枯病主要为害叶片。通常每张叶片上有3～5个小病斑，多的可达数十个，几个病斑连成一个不规则的大病斑后，叶片破裂穿孔，导致早期落叶。发病初期，在叶脉间出现多个红褐色至黑色的小斑点，后期病斑逐渐扩大，病斑呈圆形、角形或不规则形斑，病斑边缘组织褪绿，上面长出暗褐色小颗粒。与褐斑病的不同是在病部产生暗褐色小颗粒，而褐斑病在病部产生霉状物。

【防治药剂】 结合白腐病的防治即可。

十二 细菌性疫病

【症状】 每年春季至6月在葡萄新梢上发病，在新梢长至12～30cm长时，下部2～3节常先发病，然后逐渐向上扩展。初期出现红褐色的条斑，病斑处细胞增生、肿大、开裂或呈溃疡状，有时深达髓部，新梢最后萎蔫、干枯。在一些幼嫩的枝条上变色较少，整个枝条枯死，发病枝条短小，葡萄出现矮化现象，茎秆横切面上的组织呈褐色。

在叶片上，病菌经由叶柄、维管束侵入叶片，叶片常枯死；另外病菌由气孔直接侵染叶片，这种类型使叶片上产生红褐色的角斑。病菌从气孔侵染时，则叶尖变成红褐色。温度较高时，病叶上可以看到浅黄色的菌脓流出。

病原菌也能侵染葡萄的根，无论是嫁接植株还是自根苗植株，都会使枝梢生长缓慢。

【发病规律】 病菌在病树的维管束内越冬。初侵染主要发生在1～2年生的枝条上，细菌在木质部的导管内随树液流动到植株的各个器官。病菌可通过气孔和伤口侵染健康植株，当夏剪和农事操作及枝蔓摩擦等造成损伤时病树中的细菌便经过雨水飞溅、灌溉水流、操作工具和枝蔓摩擦等传播到健树，引起健株发病。因此，病树中因伤口渗出的带菌汁液是病害的主要接种体来源。冻伤和雹伤易引起病害流行。病菌的远距离传播主要是通过带菌的苗木、接穗、砧木和插条等繁殖材料。病害发生需要温暖、潮湿的条件，尤其是在潮湿有风的天气就更容易传播，而喷灌则有利于病菌传播。

【防治药剂】 同根癌病。

十三 蔓割病

【症状】 蔓割病多发生在二年生以上的枝蔓上，也可以为害叶片、叶柄和浆果。枝蔓受侵染后，侵染部位显示红褐色或浅褐色不规则病斑，稍凹陷，后期病斑扩大呈梭形或椭圆形，为暗褐色。病部枝蔓纵向开裂是此病最典型的特征，在病斑上产生黑色小粒点。天气潮湿时，小粒点上溢出白色至黄色黏质胶状物，即病菌的分生孢子团。若主蔓被害，植株生长衰弱，萌芽晚，节间短，叶片小，果穗及果粒也变小，病株浆果提前着色，品质较差，有时叶片变黄，甚至枝叶萎蔫。严重时，进入第二年春天老病蔓出现干裂，抽不出新梢，或者勉强抽出较短新梢，在1～2周内即枯萎死亡。

果粒受害后，在果面上出现暗褐色不规则斑点，病斑扩大后引起浆果腐烂，后期病果面密生黑色小颗粒。病果逐渐干缩成僵果，果梗受害则枯死。

新梢、叶柄或卷须发病后，初期产生暗褐色、不规则小斑，病斑扩大后，病组织由暗褐色变为黑色条斑或不规则大斑，后期皮层开裂，组织变硬、变脆。

【发病规律】 病菌在病组织、树皮和芽鳞内越冬。春天，病菌借风雨或昆虫传播，开始初次侵染。病菌在相对湿度为100%的条件下48h即可完成侵染，潜育期21～30天后便出现明显症状。天气干热时病菌停止活动。春秋冷凉、连续降雨、高湿和伤口是病害流行的主要条件。管理粗放、虫伤、冻伤多或患有其他根部病害的葡萄树，发病较严重；多雨、潮湿的天气也有利于发病。

【防治药剂】 葡萄发芽前，可喷1次石硫合剂，同时也可兼治其他病害。春末夏初，在病菌的分生孢子传播之前，重点对老枝蔓的茎部喷1～2次1∶0.7∶200倍液的波尔多液或80%水胆矾石膏。生长期喷施50%多菌灵800倍液。落叶休眠后至埋土防寒前用50%福美双400~600倍液。有效药剂还有代森锰锌、保倍福美双、甲基硫菌灵等。

十四 枝枯病

【症状】 该病主要为害枝蔓，严重时也为害穗轴、浆果和叶片。枝蔓受害出现长椭圆形或纺锤形条斑，病斑呈黑褐色，枝蔓表面病组织有时纵裂，木质部出现暗褐色坏死，维管束变褐；新梢得病，易造成整个新梢干枯死亡；穗轴发病，最初为褐色斑点，随后扩展成长椭圆形大斑，严重时可造成全穗干枯；叶部病斑近圆形，严重时连成不规则大斑，浆果上的病斑呈圆形或不规则形。

【发病规律】 病菌主要在葡萄的病枝、叶、果、穗轴、枝蔓、芽和卷须上越冬。第二年春季，当温度和湿度适宜时，借助气流、风雨传播，通过寄主的伤口侵入，潜育期2~5天后开始发病，引起初次侵染，以后在新的病斑上又形成分生孢子，进行再次侵染。多雨、潮湿天气、郁闭的葡萄架面和各种伤口是病害流行的关键因素。雹灾后或接触葡萄架铁丝部分的枝蔓易发病。氮肥施用过多，枝蔓幼嫩、架面郁闭易发病。

【防治药剂】 同炭疽病和白腐病。

十五 根癌病

【症状】 植物被根癌病菌侵染后，在植物的根部（有时在茎部，所以也称冠瘿病）形成大小不一的肿瘤，初期幼嫩，后期木质化，严重时整个主根变成一个大瘤子。病树树势弱，生长迟缓，产量减少，寿命缩短。重茬苗圃发病率在20%~100%之间不等，有的甚至造成毁园。

根癌菌不但在靠近土壤的根部、靠近地面的枝蔓出现症状，还能在枝蔓和主根的任何位置发现病症。但主要在主蔓上，呈现瘤状病症。

【防治措施】

1）土壤消毒。可以使用甲基溴（溴甲烷）熏蒸等措施进行土壤消毒。

2）加强苗木检疫和种条、种苗的消毒。对于没有根癌病的地区和田块，苗木引进要经过严格检验检疫，不要从有根癌病的地区或苗圃引进苗木，并且在种植前进行消毒。消毒的方法为硫酸铜100倍液，加热到52～54℃，浸泡苗木5min。或用52～54℃的清水浸泡苗木5min，然后用80%必备200倍液涮苗木，使苗木的根、枝蔓均匀着药。苗木处理后，再栽种。

3）减少伤口和保护伤口。根癌菌是以伤口作为唯一的侵染途径，减少伤口和保护伤口是最好的防治方法。

十六 圆斑根腐病

【症状】 主要为害根部，造成地上部分萎蔫枯死。病害一般在萌芽后到开花这一阶段症状表现明显。病害根部受害不同，地上部分症状轻重不同，严重时整株枯死。根部受害首先是从须根开始，受害的须根截面明显褐变，接着枯死腐烂，围绕须根的基部形成一个个褐色的圆形病斑，病斑逐渐扩大，相互愈合扩展，深度可达木质部，肉质根受害后变黑枯死。受害的根系可以反复产生愈合组织和抽生部分新根，根部可形成病、健组织相互交错的和典型的凹凸不平的圆形褐色病斑。此病随着地温的增高和水肥条件的改善，发病逐渐变慢，病株仍可抽发副梢，有的病株甚至完全可以恢复健康。

圆斑根腐病主要有以下几种症状类型：

1）萎蔫型。是病株地上部分表现最普遍的一种症状，病株在萌芽后整株或部分枝蔓叶萎缩，生长缓慢，花序凋萎，新抽发的枝条呈现失水状态，皮层皱缩。

2）叶片青干型。病株叶片骤然发生萎蔫，失水青干，失水一般由叶缘向叶内扩展，但有时也会形成沿主脉向外扩展。在青干和健康组织交界处，有明显的褐色晕带。

3）叶缘焦枯型。病株叶片尖端或边缘变褐焦枯，病叶中部仍保持绿色，病叶不脱落。

4）枯枝型。植株上与病根相对应的枝蔓枯死，解剖可见皮层变褐下陷，后期坏死皮层翘起剥落。

5）整株枯死型。病株萌芽后，全株逐渐枯死，但部分植株仍能从基部萌生新的根蘖。

【发病规律】 病菌的初侵染源可来自土壤、病残体、苗木等多种途径，树势强弱是发病的重要因素。该病菌主要是通过雨水、灌溉流水以及土壤耕作等农事活动传播。病菌必须从伤口入侵，所以生长衰弱、虫伤、冻伤以及其他损伤多的根系易受侵染，发病较多，病害发展迅速。通常土壤耕作粗放，干旱、缺肥，土壤盐碱化、土壤板结，通气性不良，结果过多，果园杂草丛生等，导致根系生长衰弱的种种因素都是诱发圆斑根腐病的重要因素。一些地下害虫造成根部伤口也会加重该病的发生。

【防治措施】

1）苗木消毒。新栽植的苗木最好进行消毒处理，常用药剂是50%多菌灵600～1000倍液。

2）加强果园管理。每年冬前要施足充分腐熟的有机肥料，促使根系发育良好，提高根系的抗病力。干旱时及时灌水，雨后及时排水，以防止果园积水，根系受淹。进行土壤耕作，加深熟土层，保持土壤通气性良好，创造有利于根系生长而不利于病菌生长发育的条件。防治地下害虫，冬季搞好防寒保护，尽可能减少根部伤口的产生。

3）土壤消毒。为防止病害继续扩展蔓延，对发病的植株可采用药剂灌根，以杀死土壤中病菌，使植株恢复健康，常用的土壤消毒剂有70%甲基硫菌灵800倍液、50%苯来特1000倍液、50%退菌特250～300倍液、1%硫酸铜溶液，以上药剂用量为每株葡萄浇灌10kg左右，采用此法可使病株症状消失，生长显著转旺。

4）铲除病株。对无法治疗或即将死亡的重病株，应及时挖除，挖后尽可能将病残根处理烧毁，根周围的土壤也应搬出园外，病穴应用生石灰或70%甲基托布津800倍液消毒，然后再选择无病健康的植株进行补栽。对邻近的植株也采取药剂灌根，避免病害在田间进一步扩展蔓延。

十七 紫纹羽病

【症状】 一般从须根或小根开始发病，以后逐渐向侧根和主根蔓延。病根表皮最初出现黄褐色、不规则的斑块，后深入皮层组织，使皮层组织也变为褐色，病根表面长出一层暗紫色的菌丝层，并形成紫褐色线条状菌索围绕在病根上，发病后期在病根表面形成半球形、暗褐色的菌核，菌核大小为10~20μm。被害根的皮层由褐色逐渐变为黑色甚至腐烂，最终连根的木质部也一起腐烂。由于葡萄根部病害腐烂，植株地上部分的枝、蔓生长衰弱，节间变短，叶片小而发黄，严重者叶片甚至落光，最后导致植株枯死。

【发病规律】 同圆斑根腐病。

【防治措施】 同圆斑根腐病。

十八 穗轴褐枯病

【症状】 穗轴褐枯病主要为害葡萄幼嫩的花序轴或花序梗，也为害幼小果粒。花序轴或花序梗发病初期，先在花序的分枝穗轴上产生褐色水浸状斑点，浅褐色水渍状病斑，扩展后渐渐变为深褐色、稍凹陷的病斑，湿度大时斑上可见褐色霉层；扩展后致花序轴变褐坏死，后期干枯，其上面的花蕾或花也将萎缩、干枯、脱落，干枯的花序轴易在分枝处被风折断脱落；发生严重时，花蕾或花几乎全部落光（彩图40）。

谢花后的小幼果受害，形成黑褐色、圆形斑点，仅为害果皮，随浆果增大，病斑结痂脱落，对生长影响不大。幼果稍大（黄豆大小）时，病菌就不能侵染了。穗轴褐枯病为害葡萄，一般减产10%~30%。严重时可减产40%以上；造成穗型不整；为害浆果造成果皮粗糙、没有果粉、易裂果等。

【发病规律】 病菌在枝蔓表皮或幼芽鳞片内越冬，第二年春天幼芽萌动至开花期侵入，形成病斑后，病部又产出分生孢子，借风雨传播，进行再侵染。开花前后雨水多发病重，雨水少发病轻；干旱则几乎不发病。老龄树一般较幼龄树易发病；肥料不足或氮肥过量，都容易发病。地势低洼、通风透光差、环境郁闭时，有利于发病。

【防治药剂】

1）保护性杀菌剂。50%保倍福美双1500倍液、80%福美双1000~1200倍液、50%保倍3000倍液、42%代森锰锌600~800倍液。

2）内吸性杀菌剂。70%甲基硫菌灵800倍液、50%多菌灵

500～600倍液、10%多抗霉素600倍液、50%乙霉威＋多菌灵600～800倍液、80%戊唑醇6000倍液、20%苯醚甲环唑3000倍液等。

花序分离至开花前是最重要的药剂防治时间。对于花期前后雨水多的地区和年份，结合花后其他病害的防治，选择的药剂能够兼治穗轴褐枯病。

十九 房枯病

【症状】 该病菌主要为害果梗、果粒和穗轴，严重时也可以为害叶片。果梗基部首先表现症状，呈深红色，边缘有褐色至暗褐色的晕圈。病斑发展到绕梗一周时，小果梗开始干枯缢缩。病菌从果梗向上蔓延，至穗轴。

果粒发病最初从果蒂部分失水萎蔫，出现不规则的褐色病斑，逐渐扩大到全果，使果粒变紫变黑，失水干缩后，成为僵果，并在果粒表面长出稀疏的小黑点。一般房枯病与白腐病果粒的颜色相似，较难区别，但是房枯病的病果粒在萎缩后长出小黑点，分布稀疏，小黑点颗粒较大，病果不易脱落；而白腐病的病果粒则在干缩前就出现灰白色的小粒点，该小粒点分布密集，颗粒较小，而且病果极易脱落。

叶片发病时，出现圆形小斑点，逐渐扩大后，病斑边缘呈褐色，中部为灰白色，后期病斑中央散生有小黑点。

【发病规律】 条件适宜时，该病菌可在一个生长季节内进行多次再侵染。房枯病在北方一般6～7月开始发生，8～9月为发病盛期，该病属于高温、高湿型病害，在适宜温度条件下，多雨、潮湿环境易引起病害流行。如葡萄园管理不善、植株生长势弱、架面郁闭、园内小气候闷热等均容易发生病害。

【防治药剂】 同白腐病。

【防治关键】 注意果园卫生，秋季要彻底清除病枝、叶、果等，并集中处理（烧毁或深埋）。加强果园管理，注意排水，及时剪副梢，改善通风透光条件，增施肥料，增强植株抵抗力，降低感病概率。幼果时不宜使用波尔多液，以免浆果出现果锈。

二十 酸腐病

【症状】 基本上是浆果成熟期的病害。酸腐病为害最早的时期，是在封穗期之后。套袋葡萄，如果在果袋的下方有一片深色湿润（习惯称为“尿袋”），就表明该果穗上有酸腐病。果粒腐烂后，腐烂的汁液流出，会造成汁液经过的地方（浆果、果梗、穗轴等）腐烂；果粒腐烂后干枯，干枯的果粒只是浆果的果皮和种子。

【发病规律】 引起酸腐病的真菌是酵母菌、醋酸菌、细菌。首先是有伤口，机械伤（如冰雹、风、蜂、鸟等造成的伤口）或病害（如白粉病、裂果等）造成的伤口；第二是导致果穗周围和果穗内湿度高；第三是果蝇的存在。树势弱会加重酸腐病的发生和危害。

美人指受害最为严重，其次为里扎马特、无核白、白牛奶等发生比较严重。红地球等较抗病。

【防治药剂】 转色期前后使用1~3次80%水胆矾石膏400倍液，10~15天一次（重点喷洒穗部）。杀虫剂选择10%高效氯氰乳油3000倍液、吡虫啉2500倍液等。

【防治关键】 增加果园的通透性（合理密植、合理叶幕系数等）；避免果皮伤害和裂果；避免果穗过紧，造成果粒挤压破裂；避免过量使用氮肥；合适的水分管理，避免水分的供应不平衡造成裂果等。

二十一 水罐子病

【症状】 水罐子病亦称转色病、水红粒，主要表现在果粒上，一般在果粒进入转色期后表现症状。发病后有色品种明显表现出着色不正常，色泽变淡；白色品种表现为果粒呈水泡状；病果果肉变软、糖度降低、味酸、果肉与果皮极易分离，用手轻捏，水滴成串溢出，故名“水罐子”。发病后果柄与果粒处易产生离层，浆果极易脱落。

【发病规律】 一般在树势弱、负载过量、肥料供应不足时容易发生；在地下水位高，或成熟期遇雨，尤其是高温后遇雨，田间湿度大时，此病尤为严重。

【防治措施】 加强树体的综合管理，保证树体营养充足、生理平衡、维持健壮的树势。加强土、肥、水管理，增施有机肥料结合追肥，后期雨季注意葡萄园排水，适当的花果管理控制负载量，加强病虫害防治，保护叶片，提高树体光合效能。

二十二 病毒病

病毒病主要有扇叶病、卷叶病、栓皮病、茎痘病、斑点病、新梢矮缩病、葡萄花叶病等。由于病毒是在植物的细胞内进行繁殖和生长发育的，而用于抑制和杀灭病毒的药物也同样对葡萄有害，因此，仅靠药物防治病毒病，难以获得理想效果。防治的关键在于防止病毒侵入健康的葡萄植株。

【症状】 一般葡萄感染病毒病后，从叶缘形成大小不等又不规则的斑点。到后期，葡萄就会变色，枝条和叶片往往发生畸形。病株花蕾易脱落，果穗小型化，树势衰弱，产量降低，甚至无收成。

【传播途径】 目前已经知道的葡萄病毒病的传播途径，主要有以下三个方面：一是接穗、砧木传播；二是昆虫传播，叶蝉和粉蚧等昆虫在为害葡萄叶片的同时也将病毒传给无毒植株，因而要注意防虫；三是线虫传播，线虫在为害葡萄根系的过程中，同时把带有病毒的树液传给了健康的葡萄植株，所以，还应及时防治线虫。

【防治措施】

1）土壤消毒。用溴甲烷或二硫化碳等土壤消毒剂对土壤进行消毒，可以减少媒介虫口数量和发病率。也可在田间撒施生石灰粉消毒。

2）热处理脱毒。在二氧化碳浓度较高的情况下进行热处理，较容易从枝蔓尖端或休眠芽中除去此病毒。一般采取高温蒸汽处理，温度为35℃，时间为21天。

3）茎尖培养。把脱毒的组织，取茎尖于试管培养基中进行茎尖培养，可以获得无毒苗木。

二十三 葡萄病害综合防治

防治葡萄病害，应贯彻“预防为主，综合防治”的方针。在辨清病害的基础上，进行果园病情调查，开展切实可行的测报工作，以利于及时防治。引进苗木时必须严格消毒。加强果园管理、清扫果园以及提高栽培技术等，对于控制病害也很重要。

(1) 加强肥水综合管理 应注意增施有机肥料，适时补施化肥，并注意氮、磷、钾三要素及微量元素的合理配合。早春、晚秋清除果园病枝、病穗，深埋或烧毁，不要随意丢弃。及时中耕松土和控制湿度，都能减少病害发生，并增强树势。在管理中要调整果穗，使其远离地面，并勿使其过于密集。采用高架或棚架均有利于通风透光，减少病害的发生。

（2）合理施药 在葡萄芽将要萌动而尚未展叶前，喷0.5波美度石硫合剂；也可用0.3%五氯酚钠溶液加0.5波美度石硫合剂喷雾，如加0.3%中性洗衣粉可增加附着性。

在开花前10天左右，可喷1∶0.5∶200倍波尔多液，对预防霜霉病、黑痘病等均有效。在葡萄生育中期应对症下药，结合防虫，还可加入适量溴氰菊酯和敌百虫等。秋后应清扫果园，扫除病果、落叶和病枝，入冬前仔细修剪，下架前喷0.5~2波美度石硫合剂，以消灭残存于葡萄枝蔓上的越冬病原体。对病害严重的果园，在用药时可将药的浓度适当加大一些。

第二节 葡萄生理病害

一 日烧病

【症状】 在葡萄幼果期开始发病，发病初期浆果阳面由绿色变为黄绿色，局部变白，继而出现火烧状褐色椭圆形或不规则形斑点，后期扩大形成褐色凹陷斑。病斑初期仅发生在浆果表层，内部果肉不变色。日烧病属于生理性病害，没有传染性，但病果易感染杂菌并发其他病害，对已发生日烧的浆果，应及时疏除（彩图41）。

【形成原因】 日烧病发生的直接原因是浆果受到强光照，果面温度剧变，浆果局部细胞失水受伤害而造成生理紊乱，其发生程度与葡萄品种、树势、果穗着生的部位和方位、树体负载量等有关。红提发病较重，而巨峰、户太8号等发病较轻；同一品种，树势较弱、枝叶量较少的树发病重；着生在植株西南方向的果穗发病较重；负载量大的植株发病重；棚架栽培葡萄发病较轻，而篱架栽培葡萄发病较重。

【防治措施】 防止葡萄浆果日烧病的最主要措施是使用套袋技术。此外，合理布置架面、注意选留果穗，尽量避免浆果直接遭受日光照射，尤其是在架面西南方位更应注意果穗上方周围有适当的叶片；同时应注意在气温较高的时期，保证土壤供水；调整负载量，保证树势健壮。

二 气灼病

【症状】 气灼病一般发生在幼果期，从落花后15天左右，至转色前均可发生，以幼果期至封穗期发生最为严重。首先表现为失水、凹陷、浅褐色小斑点，并迅速扩大为大面积病斑，整个过程基本上在2h内完成。病斑面积一般占果粒面积的5%~30%，严重时一个浆果上会有2~5个病斑，从而导致整个果粒干枯。病斑开始为浅黄褐色，而后颜色略变深并逐渐形成干疤（整粒干枯形成“干果”）。病斑常发生在果粒近果梗的基部或果面的中上部，在果粒的侧面、底部也可发生。发生部位与阳光直射无关，在叶幕下的背阴部位、果穗的背阴部及套袋果穗上均会发生。如土壤湿度大（水浸泡一段时间后）、遇雨水（在葡萄粒上有水珠）后，若忽然高温，在有水珠的部分易出现气灼病。

【形成原因】 气灼病是由于水分生理失调造成的生理病害，与特殊气候、栽培管理条件密切相关。任何影响葡萄水分吸收、加大水分流失和蒸发的气候条件、田间操作，都会引起或加重气灼病的发生。一般情况下，连续阴雨后，土壤含水量长期处于饱和状态，天气转晴后的高温、闷热天气，易导致气灼病发生。这可能是由于根系被水长时间浸泡后功能降低，影响水分吸收；而高温需要蒸腾作用调节体温，需要比较多的水分，植株需水与供水发生矛盾，导致水分生理失调而发生气灼病。

气灼病发生情况在品种间有差异，如红地球、龙眼、白牛奶等品种气灼病相对较易发生。葡萄套袋，尤其是套袋前大量疏果会引起或加重气灼病的发生。土壤通透性差（土壤黏重、长期被水浸泡）；土壤干旱；土壤有机质含量低，会引起或加重气灼病的发生。

【防治措施】 气灼病的防治，从根本上是保持水分的供求平衡。因此，防治气灼病要从保证根系吸收功能的正常发挥和水分的稳定供应入手。

1）首先要培养健壮、发达的根系。采用增施有机肥来提高土壤通透性、调整负载量、防治根系和地上部分病虫害等措施，有利于根系呼吸和根系功能正常，避免或减轻气灼病。

2）水分的供应。在易发生气灼病的时期（大幼果期），尤其是套袋前后，要保持充足的水分供应。水分供应一般注意两个问题。第一，土壤不能缺水，缺水后要注意浇水。滴灌是最好的浇水方法，如果大水漫灌，要注意灌溉时间，一般在18：00至早晨浇水，避免中午浇水。第二，保持水分。地表覆盖草或秸秆等，有利于土壤水分的保持，减少或避免气灼病。花前、花后病虫害的防治，尤其是花序和果穗的病害防治非常重要。病虫害规范防治的葡萄园，有效避免或减少了穗轴、果柄伤害，能减轻或避免气灼病的发生。

3）协调地上部分和地下部的平衡关系。如果根系弱，要减少地上部分的枝、叶、果的量，保持地上部分和地下部分的协调一致，这样会减轻和避免气灼病。

三 氮素失衡症

【症状】 氮素缺乏常表现植株生长受阻、叶片失绿黄化、叶柄和穗轴呈粉红色或红色等，氮在植物体内移动性强，可从老龄组织中转移至幼嫩组织中，因此，老叶通常相对于幼叶会较早表现出缺素症状（彩图42）。

【防治措施】 在增施有机肥提高土壤肥力的基础上，葡萄生产上一般可在三个时期补充氮素化肥，即萌芽期、开花期后、浆果采收后。

四 磷素失衡症

磷易被土壤吸附固定而成不被植物利用状态，为缺素症发生的主要因素之一。改良土壤可使被吸附固定的磷重新被释放而被植物利用。磷在植物体内移动性良好，可再利用。

【症状】 葡萄植株缺乏磷元素时表现为叶片较小、叶色暗绿、花序小、果粒少、浆果小、单果重小、产量低、浆果成熟期推迟等，一般对生殖生长的影响早于营养生长（彩图43）。

【防治措施】 葡萄磷元素的补充仍以土壤施入为主，在增施有机肥的基础上，宜在花期前后和浆果采收后施入适当化肥，可选用磷酸铵、磷酸二氢钾或含磷的果树专用肥料等。

五 钾素失衡症

钾与碳水化合物的形成、积累和运转有关，可提高浆果含糖量、降低含酸量，促进芳香物质和色素的形成，有利于浆果成熟，同时对细胞壁加厚和提高细胞液浓度有良好的作用，从而促进枝蔓成熟，加强养分的储藏和积累，提高抗病力和抗寒性。钾还对葡萄花芽的分化、根系发育有促进作用。钾在植物体内移动性良好，可再利用。

【症状】缺钾时，枝条中部叶片表现扭曲，以后叶缘和叶脉间失绿变干，并逐渐由边缘向中间焦枯，叶子变脆容易脱落。浆果小、着色不良，成熟前容易落果，产量低、品质差。钾过量时可阻碍钙、镁、氮的吸收，浆果易得生理病害（彩图 44）。

【防治措施】葡萄钾元素的补充以土壤施入为主，在增施有机肥的基础上，宜在花期前后和浆果采收后施入适当化肥，可选用硫酸钾或含钾的果树专用肥料等。

六 钙素失衡症

【症状】钙在植物体内移动性差，缺钙时新梢嫩叶上形成褪绿斑，叶尖及叶缘向下卷曲，几天后褪绿部分变成暗褐色，并形成枯斑。缺钙可造成浆果硬度下降，储藏性差等。

葡萄缺钙常发生在酸度较高的土壤中，同时过多的钾、氮、镁供应也可以使植株出现缺钙症状。葡萄根系对钙的吸收主要集中在花期到转色期，吸收量占全年总量的 60%（彩图 45）。

【防治措施】可增施有机肥，土壤施入硝酸钙或氧化钙，控制钾肥施入量，调节葡萄树体钾/钙比例。对缺钙严重的果园，一般可于葡萄生长前期、幼果膨大期和采前 1 个月叶面喷布钙肥，如硝酸钙、氯化钙等，含量以 0.5% 为宜。钙在葡萄体内移动性差，因此，以小量多次喷布效果为佳。

七 硼素失衡症

【症状】葡萄缺硼时可抑制根尖和茎尖生长，表现为植株矮小，枝蔓节间变短，副梢生长弱；叶片小、增厚、发脆、皱缩、向外弯曲，叶缘出现失绿黄斑，叶柄短、粗，根短、粗，肿胀并形成结，可出现纵裂。硼元素对花粉管伸长具有重要作用，缺乏时可导致开花时花冠不脱落或落花严重，花序干缩、枯萎，坐果率低，无种子的小粒浆果增加。

干旱条件下不利于硼的吸收。另一方面，雨水过多或灌溉过量易造成硼离子淋失，尤其是对于沙滩地葡萄园，由此造成的缺硼现象较为严重。

【防治措施】 硼素失衡症的防治可在增施有机肥、改善土壤结构、注意适时适量灌水的基础上，在花前1周进行叶面喷硼，可喷21%保倍+硼2000倍液或0.3%硼酸（或硼砂）等，在幼果期可以增喷一次。在秋季叶面喷硼效果更佳，一是可以增加芽中硼元素含量，有利于消除早春缺硼症状；二是此时叶片耐性较强，可以适当增加喷施浓度而不易发生药害。在叶面喷肥的同时应注意土壤施硼，缺硼土壤施硼宜在每年秋季适量进行，每亩每年施入硼砂1kg。土壤施入时应注意施入均匀，以防局部过量而导致不良效果。

八 锌素失衡症

【症状】 缺锌时植株生长异常，新梢顶部叶片狭小，呈小叶状，枝条纤细，节间短。叶片叶绿素含量低，叶脉间失绿黄化，呈花叶状。果粒发育不整齐，无籽小果多，果穗大小粒现象严重，浆果产量、品质下降。锌在土壤中移动性很差，在植物体中，当锌充足时，可以从老组织向新组织移动，但当锌缺乏时，则很难移动。

栽植在沙质土壤、高pH土壤、含磷元素较多的土壤上的葡萄树易发生缺锌现象。

【防治措施】 增施有机肥，补充树体锌元素最好的方法是叶面喷施。锌应用的最佳时期为盛花前2周到坐果期，可应用锌钙氨基酸、硫酸锌等。另外，在剪口上涂抹150g/kg硫酸锌溶液可以对缺锌株起到增加果穗重、增强新梢生长势和提高叶柄中锌元素水平的作用。落叶前使用锌肥，可以增加锌营养的储藏，对于解决锌缺乏问题非常重要和显著；落叶前补锌，开始成为重要的补锌形式。

九 铁素失衡症

【症状】 铁在植物体内不易移动，葡萄缺铁时首先表现的症状是幼叶失绿，叶片除叶脉保持绿色外，叶面黄化甚至白化，光合作用差，进一步出现新梢生长弱，花序黄化，花蕾脱落，坐果率低（彩图46）。

葡萄缺铁常发生在冷湿条件下，铁离子在土壤中的移动性很差，不利于根系吸收。同时铁缺乏还常与土壤中pH较高有关，在此条件下铁离子不易被葡萄吸收。

【防治措施】 土壤改良，增施有机肥，防止土壤盐碱化和过分黏重。可采用叶面喷肥的方法对铁素失衡症进行矫正，在生长前期每10~15天喷一次螯合铁2000倍液或0.2%硫酸亚铁溶液。铁素失衡症的矫正通常需要多次进行才能收到良好效果。

第三节 葡萄虫害

一 斑叶蝉

【主要形态特征及危害】 成虫体长约3mm，头部为浅黄白色，头顶有2个明显的圆形黑斑，前胸背板前缘有几个浅褐色小斑点，中央具有暗褐色纵纹。翅透明，为黄白色，有浅褐色条纹。以成虫、若虫聚集在叶片背面吸食汁液，被害处形成针头大小的白色斑点，有时白点连成片，整个叶片失绿苍白，然后枯萎脱落（彩图47）。

【防治措施】

1）秋后彻底清扫园内落叶和杂草，减少越冬虫源。

2）加强田间管理和夏剪措施，保持架面通风透光良好。

3）药剂防治。成虫开始发生时，及时地连续喷2次吡虫啉2000倍液，或溴氰菊酯1500~2000倍液。

二 透翅蛾

【主要形态特征及危害】 成虫长18~20mm，形似黄蜂，体呈蓝黑色，头部、颈部、后胸两侧及腹部各节联络处为橙黄色；前翅呈红褐色，后翅半透明，腹部有3条黄色横带，第四节中央的一条最宽。幼虫头部为红褐色，口部为黑色，胴部为浅黄色，身体全部疏生细毛。

主要以幼虫蛀食一年生枝蔓，被害部位膨大，内部形成较长的孔道，妨碍树体水分和营养输送，使叶片枯黄脱落。该虫为害的最大特征是蛀孔周围有堆积的虫粪。

【防治措施】

1）冬季修剪时，剪除被害枝条并烧毁，消灭越冬虫源。

2）6～7 月经常检查嫩枝，发现被害枝及时剪掉。

3）从蛀孔注入吡虫啉 2000 倍液，然后用黏土泥堵封蛀孔。

三 虎蛾

【主要形态特征及危害】 成虫体长 18～20mm，翅展 45mm 左右，头胸及前翅呈紫褐色，体翅上密生黑色鳞片，前翅中央肾形纹和环形纹各一个。后翅呈橙黄色，外缘呈黑色，臀角有一个橘黄色斑，中室有一个黑点。腹部呈杏黄色，背面有一列紫棕色毛簇。老熟幼虫体长约 40mm，头部呈黄色，上面有黑点。胸、腹背面呈浅绿色，每节有大小黑色斑点，疏生白色长毛。蛹呈红褐色，体长 18～20mm，尾端齐，左右有突起。以幼虫咬食嫩芽和幼片为主，危害严重时可将叶片吃光。

【防治措施】

1）消灭越冬蛹。冬剪后，结合葡萄埋土和出土上架，拣拾越冬蛹消灭。

2）结合田间管理，利用幼虫静伏叶背的习性，可人工捕杀幼虫。

3）幼虫发生量大时，喷 50% 敌敌畏乳油 1500 倍液，或 90% 敌百虫 1000 倍液，或吡虫啉 2000 倍液，均有较好的防治效果。

四 十星叶甲

【主要形态特征及危害】 成虫体长 12mm，宽 8mm 左右，为黄褐色、椭圆形。头小，大半缩入前胸内。鞘翅宽大，上布细密刻点，每个翅鞘上各有圆形黑色斑点 5 个，两翅鞘共 10 个，故名十星叶甲。卵长约 1mm，为椭圆形。幼虫体长约 8mm，略扁平，近梭形，为土黄色；胸部背面有褐色突起 2 行，每行 4 个，胸足 3 对，为黄色。以成虫及幼虫啮噬葡萄叶片或幼芽，造成叶片穿孔或残缺。

【防治措施】

1）幼虫期喷吡虫啉2000倍液。

2）利用该虫的假死性，清晨振动葡萄架，使成虫和幼虫落下后收集消灭。

3）摘除接近地面、幼虫密集的叶片，集中处理。

五 斑衣蜡蝉

【主要形态特征及危害】 成虫体长15~25mm，翅展40~50mm，全身为灰褐色；前翅革质，基部约2/3为浅褐色，翅面具有20个左右的黑点；端部约1/3为深褐色；后翅膜质，基部为鲜红色，具有黑点；端部为黑色。体翅表面附有白色蜡粉。头角向上卷起，呈短角突起。翅膀颜色偏蓝者为雄性，翅膀颜色偏米色为雌性。斑衣蜡蝉喜干燥炎热处。一年发生1代。以成虫、若虫群集在叶背、嫩梢上刺吸为害，栖息时头翘起，有时可见数十头群集在新梢上，排列成一条直线；引起被害植株发生煤污病或嫩梢萎缩，畸形等，严重影响植株的生长和发育。

【防治措施】

1）结合冬季修剪，刷除卵块。斑衣蜡蝉以臭椿为原寄主，在为害严重的纯林内，应改种其他树种或营造混交林。保护利用若虫的寄生蜂等天敌。

2）若虫、成虫发生期，可选喷40%氧化乐果乳油1000倍液，或50%辛硫磷乳油2000倍液。

六 瘿螨

【主要形态特征及危害】 瘿螨，又名潜叶壁虱、锈壁虱、毛毡病。雌成螨体长0.1~0.3mm，为白色。为圆锥形似胡萝卜，密生80余条环纹。近头部有足2对，腹部末端两侧各生1条细长刚毛。雄虫体形略小。卵呈椭圆形、浅黄色。若螨与成螨相似，体小。

瘿螨主要在叶背面为害，初期叶背产生许多不规则白色斑块，逐渐扩大呈现一层很厚的毛毡状白色绒毛，后变茶褐至深褐色。受害部位叶背凹陷，正面凸起，形成不规则大小不一的”病斑”。严重时叶片凹凸不平。枝蔓受害肿胀成瘤、表皮胀裂（彩图48）。

【防治措施】

1）做好清园工作。冬、春季彻底清扫果园，收集被害叶片深埋。在葡萄生长初期，发现有被害叶片时，也应立即摘掉烧毁，以免继续蔓延。

2）早春防治。早春葡萄芽萌动时，喷3~5波美度石硫合剂，以杀死潜伏在芽内的瘿螨，这次喷药是防治瘿螨的关键。在历年发生严重的园片，可在发芽后喷0.3~0.5波美度石硫合剂加0.3%洗衣粉的混合液，进行淋洗式喷雾，效果很好。

3）生长季节防治。葡萄生长季节，发现有瘿螨为害时，可喷0.2~0.3波美度石硫合剂，或乐斯本、速螨唑、哒螨灵进行防治，一般结合杀菌剂使用1~2遍；当第二次发生高峰期来临之前交替使用乐斯本、速螨唑、哒螨灵进行防治。

七 瘿蚊

【主要形态特征及危害】 成虫体长3mm，呈暗灰色被浅黄短毛，似小蚊。头较小，复眼大、呈黑色，两眼上方接合；触角丝状细长14节、各节周生细毛。

在葡萄上只发生1代，越冬代成虫在葡萄显序至花蕾膨大期开始产卵，葡萄花期幼虫孵化，于幼果内为害20~25天老熟化蛹，蛹期为5~10天。羽化后成虫产卵于果穗上的浆果，葡萄架的中部果穗落卵较多。每一果内只有1头幼虫。幼虫在幼果内蛀食，被害果症状不一，盛花后被害果迅速膨大，呈畸形，较正常果大4~5倍，花后10天比正常果大1~2倍，被害果直径8~10mm时停止生长，呈扁圆形，果顶略凹陷，呈浓绿色有光泽，萼片和花丝均不脱落，果梗细果蒂不膨大，多不能形成正常种子，毫无经济价值。

【防治措施】

1）成虫羽化前彻底摘除被害果穗，集中处理消灭其中幼虫和蛹。此为经济而有效的措施，认真进行2~3年基本可消灭其为害。

2）成虫初发期药剂防治，可用40%水胺硫磷乳油1000倍液+5%氯氰菊酯1500倍液或两者单独使用均有良好效果。

3）有条件者可在成虫出现前（山楂或洋槐开花前），花序套袋阻止成虫产卵，葡萄开花时取掉套袋效果极好。可用塑料薄膜袋或废纸袋。

第四节　虫害防治药剂

一　有机磷类

有机磷类杀虫剂多为广谱、高效、以触杀和胃毒为主，有的有内吸作用。有机磷杀虫剂遇碱性物质易分解。

(1) 辛硫磷　又名倍腈松、脂硫磷。为广谱、高效、低毒、低残留杀虫剂，以触杀和胃毒作用为主，有一定的熏蒸和渗透性。速效性好，击倒力强，遇光易分解失效。持效期3~5天，但施入土中，可达1~2个月。对人畜低毒，对鱼、蜜蜂、天敌高毒。

【剂型】　50%乳油、25%微胶囊水悬剂、3%和5%颗粒剂。

【防治对象】　蚜虫、卷叶虫、食心虫、尺蠖、毛虫、叶蝉等。

【注意事项】

1）辛硫磷见光易分解失效，应在阴天或傍晚喷药，避免阳光直射影响防效。

2）黄瓜、菜豆、玉米、高粱、甜菜对此药敏感，要慎用。

(2) 马拉硫磷　又名马拉松、马拉赛昂。为广谱、低毒杀虫剂，有良好的触杀、熏蒸和渗透作用，持效期短，在低温时药效较差。对人畜毒性低，对鱼类毒性中等，对眼睛、皮肤有刺激性，对蜜蜂高毒。

【剂型】　25%、45%、50%乳油，70%优质乳油（防虫磷）。

【防治对象】　蚜虫、木虱、介壳虫、叶蝉、食心虫、卷叶蛾、刺蛾、毛虫类、叶螨等害虫，对叶蝉有特效。

【注意事项】

1）此药在高浓度时，对梨、樱桃、葡萄等易发生药害，应慎用。

2）储存时勿用金属容器。

(3) 敌百虫　为广谱、低毒杀虫剂，有很强的胃毒作用，兼有触杀作用，残效期为3~5天，对人、畜、鱼、蜜蜂低毒。

【剂型】　90%晶体、80%可湿性粉剂、50%乳油。

【防治对象】 食心虫、卷叶虫、尺蠖、刺蛾、夜蛾类、毛虫类等，对蟒象类有特效，对蝇类胃毒作用强。

90%晶体敌百虫 50g + 麦麸 5kg（炒香），加适量水拌匀，撒于苗床地下，可防治蝼蛄、地老虎（蛴螬）等地下害虫。

【注意事项】

1）苹果幼果期使用浓度高时，容易发生药害，引起落果，应在生理落果以后使用。

2）对高粱、玉米、豆类和瓜类幼苗易产生药害，在果园周围和行间种植这些作物时，应避免使用。

（4）乙酰甲胺磷 又名高灭磷、杀虫灵、多灭磷、全效磷、酰胺磷。为内吸缓效低毒杀虫剂，具有胃毒和触杀作用，对一些鳞翅目害虫兼有一定的熏蒸和杀卵作用。施药 2～3 天后效果显著，后效作用强，耐雨水冲刷，残效期达 10～15 天，对人、畜、鱼、鸟低毒。

【剂型】 30%、40%乳油，25%可湿性粉剂。

【防治对象】 食心虫、卷叶蛾、蓑蛾、尺蠖、蚜虫、叶蝉、梨木虱、蟓甲、蚧壳虫类等。

【注意事项】

1）向日葵对此药敏感，果园附近有向日葵时应注意。

2）本剂储存后乳剂有结块现象，摇匀或浸热水溶解后用。

（5）杀螟松 又名杀螟硫磷、速灭松。为广谱、中等毒性杀虫剂，具触杀和胃毒作用，但能渗透到植物组织内，杀死在内潜食的害虫，有杀卵作用。对人、畜、鱼类低毒，对蜜蜂毒性高。

【剂型】 50%乳油。

【防治对象】 各种食心虫、桃蛀螟、卷叶虫、刺蛾、潜叶蛾、透翅蛾、袋蛾、多种介壳虫、蜡蝉、蟓甲、天牛等。

【注意事项】

1）对十字花科蔬菜和高粱有药害。

2）采收前 20 天禁用。

二 拟除虫菊酯类

菊酯类杀虫剂为广谱、高效、速效、低毒的杀虫剂，主要是触杀和胃毒作用。在酸性条件下稳定，不能与碱性农药混用。

（1）**氟氯氰菊醋** 又名百树菊酯、百树得。为高效、广谱、低毒杀虫剂，具触杀和胃毒作用，作用迅速，持效期长，对哺乳动物低毒，对蜜蜂、鱼高毒。

【剂型】 5.7%乳油。

【防治对象】 食心虫、卷叶蛾、蚜虫、粉虱、木虱、潜叶蛾、毛虫等。

（2）**醚菊酯** 又名多来宝。性质与作用同氟氯氰菊醋，对鱼、鸟低毒，对蜘蛛等杀伤力小。

【剂型】 10%悬浮剂、5%可湿性粉、4%油剂。

【防治对象】 食心虫、棉铃虫、卷叶蛾、潜叶蛾、蚜虫、刺蛾、毛虫、叶蝉、飞虱、橡甲、夜蛾类。对叶蝉高效。

悬浮剂放置时间较长会出现分层，用时摇匀。

（3）**功夫** 又名三氟氯氰菊酯、高效氟氯氰菊酯、功力、神功。为广谱、高效中等毒性杀虫、杀螨剂，药效迅速，具有强烈的渗透作用，耐雨水冲刷，持效期长，与其他菊酯类农药相比，杀虫谱更广，药效更快。对鱼、蜂、蚕高毒。

【剂型】 2.5%乳油。

【防治对象】 食心虫、棉铃虫、玉米螟、蚜虫、卷叶蛾、尺蠖、潜叶蛾，叶螨、瘿螨。

（4）**氰戊菊酯** 又名杀灭菊酯、速灭杀丁。主要是触杀和胃毒作用，有一定的驱避作用，也能杀卵，对害虫击倒力强。此药低温时效果好，因此不要在中午前后高温时施药。

【剂型】 20%乳油。

【防治对象】 食心虫、棉铃虫、卷叶虫、潜叶蛾、木虱、蚜虫、尺蠖、网蝽、叶蝉、刺蛾、粉虱等。

（5）**灭扫利** 又名甲氰菊酯、灭扫星、灭虫螨、都克。为高效、广谱虫螨兼治药剂，对害虫有较强的触杀、胃毒作用和一定的驱避作用，渗透性强，耐雨水冲刷，残效期为10~15天，对人、畜和植物安全，对鱼、蚕高毒，对鸟类低毒。

【剂型】 20%乳油。

【防治对象】 食心虫类、棉铃虫、梨小食心虫、卷叶蛾、潜叶蛾、木虱、蚜虫、尺蠖、介壳虫、叶螨等。

三 氨基甲酸酯类杀虫剂

(1) 灭多威 又名万灵、乙肟威、灭多虫、灭索威。为广谱的内吸性氨基甲酸酯类杀虫剂，具有触杀和胃毒作用。

【剂型】 20%乳油、24%水剂。

【防治对象】 蚜虫、蓟马、黏虫、卷叶虫、橡甲、天蛾、棉铃虫、飞虱等。

(2) 硫双威 又名拉维因、双灭多威、硫双灭多威、桑得卡。具有一定的触杀和胃毒作用。对皮肤无刺激，对眼睛有微刺激。

【剂型】 25%硫双灭多威可湿性粉剂、75%桑得卡可湿性粉剂、75%拉维因可湿性粉剂、37.5%拉维因悬浮剂。

【防治对象】 棉铃虫、二化螟、黏虫、卷叶蛾、尺蠖等。

(3) 抗蚜威 又名辟蚜雾，具有触杀作用、熏蒸作用和渗透叶面作用。

【剂型】 1.5%可湿性粉剂、50%水分散粒剂。

【防治对象】 可有效地延长对蚜虫的控制期。

四 特异性生长调节剂

属于酰基脲类低毒杀虫剂，具有胃毒和触杀作用。药效缓慢，3～4天后才能显示出杀虫作用。毒性低，对人畜安全，对天敌杀伤力小。

(1) 灭幼脲 又名灭幼脲3号、苏脲1号，蛾杀灵、扑蛾丹。主要是胃毒和触杀作用，田间持效期长达15～20天，耐雨水冲刷，遇碱和强酸易分解。

【剂型】 25%、50%胶悬剂。

【防治对象】 金纹细蛾、桃潜叶蛾、潜叶蛾、刺蛾、尺蠖、舞毒蛾、舟形毛虫、柑橘木虱。防治鳞翅目害虫有特效。

【注意事项】

1) 本药存放时有沉淀现象，用时摇匀。

2) 不要在桑园及其附近其附近使用。

3) 施药后3～4天才显出药效，不要施药后未立即见效又重喷药。

（2）杀铃脲 又名氟铃脲、农梦特。具有高效、广谱、低毒作用，有较强的杀卵作用，对蚜、螨等刺吸口器昆虫无效。

【剂型】 5%乳油（氟铃脲、农梦特）、20%悬浮剂（杀铃脲）。

【防治对象】 潜叶蛾、棉铃虫、桃蛀螟、食心虫、卷叶蛾、刺蛾等多种蛾类幼虫。

（3）扑虱灵 又名优乐得、噻嗪酮、环烷脲。具有高效、广谱、低毒作用。

【剂型】 10%、25%、50%可湿性粉剂，10%乳油，40%胶悬剂，1%、5%粉剂，2%颗粒剂。

【防治对象】 对介壳虫、粉虱、飞虱、叶蝉等害虫有特效。

五 其他合成杀虫剂

（1）吡虫啉 又名一遍净、蚜虱净、海正吡虫啉、大功臣、康复多、高巧。广谱、高效、低毒、低残留，具有触杀、胃毒和内吸多种作用，不易产生抗药性。温度高杀虫效果好。持效期长达25天左右。对人畜、天敌安全。

【剂型】 2.5%、10%可湿性粉剂，5%乳油，20%乳油。

【防治对象】 主要用以防治刺吸式口器害虫、如蚜虫、叶蝉、蓟马、木虱、粉虱、橡甲、卷叶蛾等。

（2）莫比朗 又名啶虫脒、海正农不老。广谱、高效、低毒，具有触杀和胃毒作用，还有较强的渗透作用，速效、持效期达20天左右，耐雨水冲刷。对其他类药剂已产生抗药性的害虫有特效。

【剂型】 3%乳油。

【防治对象】 蚜虫、叶蝉、粉虱、木虱、潜叶蛾等。

【注意事项】

1）对桑蚕有毒性。

2）不能与碱性农药混用。

六 微生物杀虫剂

（1）阿维菌素 又名齐螨素、害极灭、海正灭虫灵、爱福丁、农螨克、螨虱净、阿维虫清、阿巴丁等。具有高效、广谱、低毒不易产生抗性等特点。具有触杀和胃毒作用，有较强的渗透作用，杀虫活性高，比常用药高5~50倍。杀虫作用缓慢，2~4天见效。残效期10天以上，对天敌较安全。

【剂型】 1.8%、1%、0.6%乳油。

【防治对象】 蚜虫、叶螨、潜叶蛾、梨木虱、食心虫等。

【注意事项】

1）勿与碱性农药混配。

2）夏季中午时间不要喷药，以免强光高温对药剂的不利影响。

（2）Bt乳剂 又名苏云金杆菌、杀虫菌1号、敌宝等。主要是胃毒作用，杀虫速度缓慢，安全无毒，不杀天敌。害虫不产生抗药性。我国生产的乳剂中大多加入了0.1%~0.2%拟除虫菊醋类杀虫剂，可加快害虫死亡速度，增加防效。

【剂型】 Bt乳剂、苏云金杆菌可湿性粉剂。

【防治对象】 鳞翅目幼虫，如树上的尺蠖、刺蛾、毒蛾、天社蛾、夜蛾等，棉铃虫、桃小食心虫等。

【注意事项】

1）杀虫速度缓慢，气温在30℃以上，使用效果好。

2）不能和内吸杀虫剂和杀菌剂混用。

3）药液中加入助剂或0.1%洗衣粉，以增加黏着力。

4）对蚕毒力强，周围有桑、柞树果园要慎用。

七 植物杀虫剂

（1）苦参碱 又名绿宝清、绿宝灵、百草1号、绿丫丹等。具有触杀和胃毒作用，对人畜低毒。

【剂型】 0.2%、0.3%苦参碱水剂，1%苦参碱溶液，1.1%苦参碱粉剂。

【防治对象】 山楂叶螨和绣线菊蚜。

（2）烟碱 又名硫酸烟碱。主要是触杀作用，也有一定的熏蒸和胃毒作用。对将要孵化的卵有较强的杀伤力，药效快，残效期为7天左右，安全无公害。

【剂型】 40%硫酸烟碱水剂、98%烟碱原药、5%烟碱水剂。

【防治对象】 蚜虫、叶螨、叶蝉、卷叶虫、食心虫等。

八 矿物源杀虫剂

机油乳剂 又名蚧螨灵。主要是触杀作用，药效达数十天。

【剂型】 95%机油乳剂、95%蚧螨灵乳油。

【防治对象】 蚜、螨、蚧等。

【注意事项】

1）夏季使用时有的树种和品种会发生药害，应先做试验。

2）要选用无浮油、无沉淀、无浑浊的产品。

第五节 杀菌剂

一 三唑类杀菌剂

（1）戊唑醇 是一种高效、广谱、内吸性三唑类杀菌剂，具有保护、治疗、铲除三大功能，杀菌谱广、持效期长。

【防治对象】 锈病、白粉病、根腐病、轮斑病等。

（2）氟环唑 是一种内吸性三唑类杀菌剂，内吸性强，可迅速被植株吸收并传导至感病部位，使病害侵染立即停止，局部施药防治彻底。

（3）苯醚甲环唑 杀菌谱广，内吸性杀菌，具有保护和治疗作用。

【防治对象】 黑痘病、白腐病、斑点落叶病、白粉病、褐斑病、锈病、条锈病、赤霉病、早疫病，叶斑病、网斑病等。

（4）丙环唑 是具有治疗和保护双重作用的内吸性、广谱杀菌剂。

【防治对象】 白粉病、锈病、根腐病、炭疽病、蔓枯病等。

（5）氟硅唑 又名福星，是内吸性杀菌剂。

【防治对象】 锈病、黑星病和白粉病、叶斑病。对梨黑星病有特效。

（6）腈菌唑 是内吸性杀菌剂。具有强内吸性、药效高、对作物安全、持效期长等特点。

【防治对象】 白粉病、锈病、黑星病、灰斑病、褐斑病。

（7）环丙唑醇（环唑醇）

【防治对象】 白粉病、叶斑病、黑星病和白腐病。

（8）粉唑醇 是广谱内吸性杀菌剂。

【防治对象】 对白粉病、锈病、云纹病、叶斑病、网斑病有特效。

（9）己唑醇 具有内吸、保护和治疗活性。

【防治对象】 白粉病、锈病、黑星病、褐斑病、炭疽病等。

（10）叶菌唑 是广谱内吸性杀菌剂。

【防治对象】 锈病、白粉病。

（11）亚胺唑 是广谱新型杀菌剂。

【防治对象】 疮痂病、黑星病、锈病、白粉病、轮斑病、黑痘病、褐斑病、炭疽病、黑斑病等。对柑橘疮痂病、葡萄黑痘病、梨黑星病有特效。

（12）四氟咪唑 又名朵麦克、杀菌全能，是内吸性杀菌剂。

【防治对象】 白粉病、锈病、叶斑病、斑点落叶病、黑星病。

（13）三唑醇 又名百坦、粉锈宁，是内吸性杀菌剂。

【防治对象】 白粉病、锈病。

（14）灭菌唑 又名扑力猛。

【防治对象】 白粉病、锈病、黑星病、网斑病等。

（15）联苯三唑醇

【防治对象】 黑星病、菌核病，叶斑。

（16）烯唑醇 又名速保利，是内吸性杀菌剂。

【防治对象】 对白粉病、锈病、黑粉病、黑星病等有特效。

（17）戊菌唑 是内吸性三唑类杀菌剂。

【防治对象】 白粉病、黑星病、白腐病等。

二 甲基甾醇合成抑制剂

（1）丙硫菌唑 广谱杀菌。与氟嘧菌酯、戊唑醇、肟菌酯、螺环菌胺等进行复配。

【防治对象】 白粉病、枯萎病、叶斑病、锈病、菌核病、灰霉病、褐斑病等。

（2）咪鲜胺 是高效、广谱、低毒型杀菌剂。

【防治对象】 炭疽病、叶斑病、褐斑病、梨黑星病等。

（3）噁霉灵 又名绿佳宝。具有内吸性和传导性，在土壤中能提高药效。

【防治对象】 圆斑根腐病、根朽病、紫纹羽病、白绢病、立枯病、猝倒病。

（4）呋吡酰胺 具有内吸活性、传导性。

【防治对象】 对纹枯病、白绢病等有特效。

（5）抑霉唑 又名烯菌灵，是内吸性广谱杀菌剂、果品防腐保鲜剂。

【防治对象】 植物的多种真菌病害。

（6）氟菌唑 又名特富灵。具有内吸性，抗雨水冲刷，可防治多种作物病病害。

【防治对象】 白粉病、锈病、褐腐病。

（7）活化酯 没有杀菌活性，激活植物自身的防卫反应。

【防治对象】 预防白粉病、锈病、霜霉病等。

（8）噻氟菌胺 是内吸性广谱杀菌剂，持效期长。

【防治对象】 对真菌引起的立枯病等有特效。

（9）噁咪唑

【防治对象】 灰霉病。

（10）土菌灵 又名氯唑灵。是触杀性杀菌剂；是一种用于种子和土壤处理的有机杀菌剂。

【防治对象】 猝倒病、炭疽病、枯萎病、病毒病。

（11）氰霜唑 是内吸性杀菌剂，持效期长，且耐雨水冲刷，也可用于土壤处理（防治草坪和白菜病害）。

【防治对象】 霜霉病、疫病等。

（12）噻酰菌胺 是内吸性杀菌剂，适于水面使用，持效期长。

【防治对象】 褐斑病、白粉病、锈病、霜霉病等。

（13）苯噻菌胺酯

【防治对象】 霜霉病。

（14）异丙菌胺

【防治对象】 霜霉病、疫病。

（15）噻唑菌胺

【防治对象】 霜霉病、疫病。

（16）咪唑菌酮

【防治对象】 霜霉病、猝倒病、黑斑病，斑腐病等。同三乙膦酸铝一起使用具有增效作用。

三 甾醇合成抑制剂类杀菌剂

（1）烯酰吗啉 是内吸性杀菌剂。

【防治对象】 霜霉病、疫病、猝倒病。

（2）苯锈啶 是内吸性杀菌剂。

【防治对象】 白粉病、锈病。

（3）丁苯吗啉 是内吸性杀菌剂。

【防治对象】 白粉病、锈病、立枯病等。

【混剂】 丁苯吗啉＋苯锈啶、丁苯吗啉＋百菌清、丁苯吗啉＋多菌灵、丁苯吗啉＋多菌灵＋百菌清、丁苯吗啉＋多菌灵＋代森锰锌、丁苯吗啉＋咪鲜胺、丁苯吗啉＋异菌脲、丁苯吗啉＋苯锈啶＋咪鲜胺等。

（4）十三吗啉 内吸性杀菌剂。

【防治对象】 白粉病、锈病、叶斑病。

【混剂】 十三吗啉＋多菌灵＋代森锰锌、十三吗啉＋三唑醇、十三吗啉＋丙环唑等。

（5）螺环菌胺 又名螺恶茂胺。是内吸性的叶面杀菌剂。

【防治对象】 白粉病、锈病、云纹病、条纹病。对白粉病特别有效。

【混剂】 螺环菌胺＋戊唑醇等。

（6）十二环吗啉 又名吗菌灵。是内吸性杀菌剂。

【防治对象】 白粉病、锈病。

（7）氟吗啉

【防治对象】 霜霉病、疫霉病。

（8）氯苯嘧啶醇 是广谱杀菌剂。

【防治对象】 白粉病、黑星病、黑斑病、褐斑病、锈病等。

（9）啶斑肟 是内吸性杀菌剂。

【防治对象】 黑星病、叶斑病等。

（10）乙嘧酚磺酸酯 是内吸性杀菌剂。

【防治对象】 对白粉病有特效。

(11) 嗪胺灵 是内吸性杀菌剂。

【防治对象】 白粉病、锈病。

(12) 氟苯嘧啶醇 是内吸性杀菌剂。

【防治对象】 白粉病、黑星病。

(13) 嘧菌环胺

【防治对象】 灰霉病、白粉病、黑星病等。

(14) 嘧菌胺

【防治对象】 黑星病、白粉病、灰霉病、褐腐病。

四 二硫代氨基甲酸酯类杀菌剂

(1) 代森锰锌 是保护性杀菌剂，杀菌范围广、不易产生抗性，防治效果明显。

【防治对象】 黑星病、疮痂病、溃疡病、斑点落叶病、霜霉病、疫霉病，疫病、锈病、炭疽病、褐腐病、根颈腐病。

(2) 代森锰 可用于种子处理、叶面喷雾、土壤处理、农用器材的消毒等。

【防治对象】 疫病、炭疽病、霜霉病。

(3) 丙森锌 是速效、残效期长、广谱的保护性杀菌剂。

【防治对象】 霜霉病、疫病、炭疽病。

(4) 代森锌 是叶面用保护性杀菌剂。

【防治对象】 疫病、斑枯病、炭疽病、灰霉病、蔓枯病、锈病、火烧病、白腐病、黑斑病、黑星病等。

(5) 代森联

【防治对象】 黑星病、疮痂病、溃疡病、霜霉病、锈病、白粉病、炭疽病、褐腐病、根颈腐病、斑点落叶病等。

(6) 福美双

【防治对象】 霜霉病、疫病、炭疽病、黑星病。

五 无机及金属类杀菌剂

(1) 三苯锡

【防治对象】 晚疫病、褐斑病、炭疽病、褐纹病、藻类和水蜗牛。

（2）波尔多液 是保护性杀菌剂。

【防治对象】 霜霉病、炭疽病和晚疫病。

【半量式波尔多液】 1%硫酸铜、0.5%生石灰、50kg水，或者1%硫酸铜、0.5%生石灰、100kg水。用一半水溶化硫酸铜，另一半溶化生石灰，待完全溶化后，将硫酸铜溶液缓慢倒入石灰乳中，边倒边搅拌即成波尔多液。切记不可将石灰乳倒入硫酸铜溶液中，否则质量不好。

（3）石硫合剂 石硫合剂能通过渗透和侵蚀病菌、害虫体壁来杀死病菌、害虫及虫卵，是一种既能杀菌又能杀虫、杀螨的无机硫制剂。

【防治对象】 白粉病、锈病、褐纹病、褐斑病、黑星病及红蜘蛛、蚧壳虫等多种病虫害。以保护、防治病害为主，对人、畜毒性中等。

【熬制方法】 石硫合剂是由生石灰、硫黄加水熬制而成的，三者最佳的比例是1∶2∶10。熬制时，必须用瓦锅或生铁锅。根据锅的大小把水（15份）加好，盖上锅盖开始烧火，当水温达到60℃时把化好的洗衣粉（0.4份）倒进锅里进行搅拌，接着把硫黄（2份）均匀撒到锅里，边撒边搅。由于洗衣粉的作用，硫黄很快溶于水。撒完硫黄后水温达80℃，立即把石灰块（5份）顺锅边放到锅里，接着把剩余的石灰块也放到锅里，搅拌几下，盖上锅盖进行熬制，并开始计时，计时到15min时，火应均而稳，20min后火要弱而均，熬制到25min左右，当药液呈酱油色、锅底渣子呈深绿色说明火候已到，要马上停火出锅。

六 苯类和酞酰亚胺类杀菌剂

（1）百菌清 是广谱杀菌剂。耐雨水冲刷，有较长的药效期。

（2）克菌丹 是广谱、低毒杀菌剂。

【防治对象】 霜霉病、白粉病、炭疽病、疫病、立枯病、猝倒病、轮纹病、褐斑病、斑点落叶病、煤污病、黑星病等。

（3）灭菌丹

【防治对象】 晚疫病、白粉病、叶锈病和叶斑点病等。

七 其他多作用点杀菌剂

（1）五氯硝基苯 又名土壤散。主要用作土壤和种子处理。对多种苗期病害及土壤传染的病害有较好的防治效果。

【防治对象】 立枯病、猝倒病、炭疽病、疮痂病、菌核病。

（2）二噻农 广谱、低毒、抗性低。

【防治对象】 黑星病、叶斑病、锈病、炭疽病、缩叶病、褐腐病、霜霉病、房枯病。

（3）双胍辛乙酸盐 是广谱杀菌剂。

【防治对象】 腐烂病、黑穗病、斑点落叶病等。

（4）敌菌灵 又名防霉灵，具有杀菌谱广，内吸性杀菌铲除作用。

【防治对象】 灰霉病、霜霉病、炭疽病、褐斑病、黑星病、轮斑病、根腐病等。

（5）苯氟磺胺 是保护性杀菌剂，杀菌谱广。

【防治对象】 各种真菌性病害。

（6）双胍辛盐 是内吸性杀菌剂。

【防治对象】 多种主要霉菌病害。

八 甲氧基丙烯酸酯类杀菌剂

（1）嘧菌酯 又名安灭达。具有内吸性和极广的杀菌范围。

【防治对象】 白粉病、锈病、黑星病、霜霉病等。

（2）肟菌酯 具有广谱、渗透、快速分布等性能，具有广谱的杀菌活性，耐雨水冲刷性能好、持效期长。

【防治对象】 白粉病、叶斑病、锈病、霜霉病、立枯病、黑星病。

（3）醚菌酯

【防治对象】 白粉病、锈病、疫病等病害。

（4）唑菌胺酯 具有保护作用、治疗作用、内吸传导性和耐雨水冲刷。

【防治对象】 叶锈病、叶枯病、白粉病、霜霉病、黑腐病、褐枯病、枝枯病等。

（5）啶氧菌酯　具有内吸活性和熏蒸活性。防治对象广谱。

【防治对象】　叶枯病、叶锈病、褐斑病、白粉病等。

（6）苯氧菌酯　是高效、广谱杀菌剂。

【防治对象】　黑星病、白粉病、霜霉病、锈病等。

（7）氟嘧菌酯

【防治对象】　早疫病、晚疫病、叶斑病、霜霉病等。

九　苯并咪唑类杀菌剂

（1）多菌灵　是高效、低毒、内吸性、广谱杀菌剂。

【防治对象】　白粉病、疫病、菌核病、灰霉病、立枯病、猝倒病、轮纹病、炭疽病、黑斑病、褐斑病等病害。

（2）甲基硫菌灵　是广谱、内吸性、低毒杀菌剂。

【防治对象】　白粉病、灰霉病、菌核病、褐斑病、轮纹病、炭疽病、褐腐病、叶斑病、黑斑病。

（3）噻菌灵　是高效、广谱、内吸性杀菌剂。

【防治对象】　炭疽病、灰霉病、黑星病、白粉病。

（4）苯菌灵　是高效、广谱、内吸性杀菌剂。

【防治对象】　白粉病、黑星病、炭疽病、灰霉病。还具有杀螨、杀线虫活性。

十　苯胺类杀菌剂

（1）甲霜灵　又名阿普隆、保种灵、瑞毒霜、甲霜安、雷多米尔、氨丙灵等。是高效、低毒、低残留、内吸性杀菌剂，且药效持续期长。

【防治对象】　霜霉病、疫霉病、白锈病、晚疫病等。

（2）苯霜灵　是内吸性杀菌剂，耐雨水冲刷。

【防治对象】　霜霉病、疫霉病等。

（3）噁霜灵　是高效、内吸性杀菌剂。

【防治对象】　霜霉病、疫病等。

（4）恶唑菌酮

【防治对象】　白粉病、锈病、霜霉病、晚疫病等。

（5）啶菌噁唑

【防治对象】　灰霉病、白粉病等。

(6) 咪唑菌酮

【防治对象】 霜霉病、晚疫病、疫霉病、猝倒病、黑斑病、斑腐病等。

十一 二羧酰亚胺类杀菌剂

(1) 异菌脲 是广谱、触杀型、保护性杀菌剂，也可通过根部吸收起内吸作用。

【防治对象】 菌核病、斑点落叶病、黑斑病、灰霉病。

(2) 腐霉利

【防治对象】 菌核病、灰霉病、花腐病。

(3) 乙烯菌核利 又名农利灵。

【防治对象】 菌核病、白粉病、黑斑病、灰霉病、早疫病。

(4) 乙菌利

【防治对象】 黑星病、白粉病等。

(5) 克菌丹 又名盖普丹，是广谱杀菌剂。

【防治对象】 疫病、炭疽病、霜霉病、白粉病、灰霉病、褐斑病。

(6) 灭菌丹 是广谱保护性杀菌剂。

【防治对象】 霜霉病、白粉病、早疫病、晚疫病、轮纹病等。

(7) 菌核利

【防治对象】 菌核病、灰霉病等。

十二 酰胺类杀菌剂

(1) 萎锈灵 是内吸性杀菌剂。

【防治对象】 锈病、立枯病等。

(2) 噻唑菌胺

【防治对象】 霜霉病、晚疫病等。

(3) 吡噻菌胺 具有高活性、杀菌广谱、无交互抗性。

【防治对象】 白粉病、锈病、霜霉病、炭疽病、菌核病。

(4) 异丙菌胺

【防治对象】 霜霉病、疫病、晚疫病。

(5) 噻氟菌胺

【防治对象】 纹枯病、锈病、茎溃疡病、白绢病、冠腐病。

(6) 叶枯酞

【防治对象】 黑腐病、白叶枯病等细菌性病害。

(7) 环酰菌胺 是内吸性、保护性杀菌剂。

【防治对象】 灰霉病、菌核病、黑斑病。

(8) 呋吡菌胺 是内吸性杀菌剂。

【防治对象】 对纹枯病、菌核病、白绢病等有特效。

(9) 苯酰菌胺

【防治对象】 晚疫病、霜霉病等。

十三 苯胺基嘧啶类杀菌剂

(1) 嘧菌环胺

【防治对象】 灰霉病、白粉病、黑星病等。

(2) 嘧菌胺

【防治对象】 黑星病、灰霉病、褐腐病、白粉病。

(3) 嘧霉胺 具有内吸传导和熏蒸作用。

【防治对象】 对灰霉病有特效。可防治灰霉病、黑星病、斑点落叶病。

(4) 氟嘧菌胺

【防治对象】 对白粉病和锈病有特效。

十四 其他结构杀菌剂

(1) 霜霉威 是内吸传导性杀菌剂。

【防治对象】 霜霉病、猝倒病、疫病、晚疫病、黑胫病等病害。

(2) 乙霉威

【防治对象】 灰霉病、茎腐病、叶斑病、青霉病。

(3) 苯氧喹啉

【防治对象】 白粉病。

(4) 咯喹酮 是内吸性杀菌剂。

【防治对象】 细菌性病害。

(5) 喹菌酮

【防治对象】 白粉病；对作物害螨也有较高的防治效果。

(6) 乙磷铝 是内吸性杀菌剂。

【防治对象】 霜霉病、晚疫病、轮纹病。

（7）甲基立枯磷 又名利克菌、立枯灭。是一种广谱内吸性杀菌剂。

【防治对象】 土传病害。立枯病、白绢病、枯萎病、菌核病、蔓枯病、白腐病。

（8）吡菌磷 是内吸性杀菌剂。

【防治对象】 白粉病。

（9）多效霉素 是广谱生物内吸性杀菌剂。

【防治对象】 流胶病、脚腐病、溃疡病、腐烂病、斑点落叶病、炭疽病。

（10）链霉素 防治植物的细菌性病害。

【防治对象】 软腐病、细菌性斑腐病、晚疫病、腐烂病、霜霉病、细菌性疫病等。

（11）春日霉素

【防治对象】 细菌性角斑病、流胶病、疮痂病、穿孔病等病害。

（12）多氧霉素

【防治对象】 白粉病、霜霉病、枯萎病、黑斑病、褐斑病、纹枯病、枯梢病。

（13）霜脲氰

【防治对象】 霜霉病、疫病等。

（14）噁唑菌酮 是新型、高效、广谱杀菌剂。

【防治对象】 白粉病、锈病、霜霉病、晚疫病。

（15）氰霜唑 是保护性杀菌剂，有一定的内吸和治疗性，持效期比较长。

【防治对象】 对晚疫病、霜霉病有特效。

（16）啶酰菌胺

【防治对象】 白粉病、灰霉病、腐烂病、褐腐病和根腐病等。

（17）种衣酯 是触杀性杀菌剂。

【防治对象】 白粉病。

十五 新开发药剂

(1) 苯噻菌胺酯

【防治对象】 疫病、霜霉病。

(2) 苯菌酮

【防治对象】 白粉病。

第十章

葡萄优质高效栽培实例

案例1 西北日光温室“红提”葡萄栽培技术

1. 栽植

株行距为1m×1.5m。定植沟南北走向，沟深为80cm，沟宽为100cm，按照每亩施有机肥8~10m^3或优质鸡粪5~6m^3、复合肥30kg、饼肥200kg、多菌灵1kg，将上述物质与土充分混合后填回种植沟中，浇水沉实，准备定植。定植时间在10月中旬，定植后立即浇水、覆地膜。采用篱架，第一道铁丝距地面60cm，第二道铁丝距地面110cm，第三道铁丝距地面160cm。架势为“倒L”形。

2. 第一年管理

（1）温度管理 在1月上旬开始升温，白天温度为15~20℃，晚上为5~10℃；每天升高1℃，10天左右升温完毕。之后白天温度保持在25~30℃，夜间15~20℃。在6月中旬之后，揭去棚膜。在10月上旬覆棚膜和保温被。11月上旬，让葡萄自然休眠。

（2）新梢管理 每株选留1个生长健壮的新梢，及时抹去其他萌芽。新梢长至20cm时，直立引缚到第一道铁丝上。新梢长至50~60cm时摘心，顶部1个副梢长至20cm时再摘心。其他副梢留2片叶连续摘心。

（3）肥水管理 每月追肥1次，每亩施尿素10~15kg、复合肥10kg。在8月之后，每隔15天叶面喷施1次0.2%磷酸二氢钾。在

11月上旬浇透冬水，保证葡萄休眠期土壤水分含量。

(4) 病虫害防治 在葡萄升温萌发前和落叶后，对棚内葡萄和地面喷施3~5波美度的石硫合剂。发现其他病虫害及时防治。

(5) 冬季修剪 修剪时枝蔓长度保留1.2~1.5m，并剪除所有副梢。枝蔓由南向北水平绑缚到第一道铁丝上。

3. 第二年管理

(1) 打破休眠 在升温前后，用饱和石灰氮溶液涂抹枝上的芽眼，打破休眠。

(2) 温度管理 同第一年管理。葡萄开花期白天温度控制在25~28℃。

(3) 树体管理 芽萌发后抹去垂直主干40cm以下所有萌芽。

在葡萄枝蔓长至20cm以上时，将枝蔓均匀引缚到第2~3道铁丝上，及时除去卷须。

在开花前7~15天对新梢摘心，并除去顶端2个副梢以下所有副梢，顶端2个副梢留3~5片叶连续摘心。

(4) 花果管理 每一个结果枝留一个花序，疏除多余花序。剪除花穗1/5~1/3的穗尖。在开花前7~10天，花序喷施0.3%硼砂溶液+50mg/L的赤霉酸溶液。在谢花后5~7天，果穗蘸100mg/L的赤霉酸+50mg/L的6-BA，5天后再重复处理1次。在谢花后15天左右，对葡萄进行套袋。摘除果穗上下老叶，使果穗整体上色一致。

在西北地区，温室红提葡萄采收时间为7月下旬至8月上旬。

(5) 肥水管理 在萌芽前、开花前、开花后、转色期、采收后追肥，每亩施尿素15~20kg、复合肥20~30kg，前期偏重氮肥，后期偏重磷钾肥。施肥后立即浇水。在葡萄采收前15天左右，严格控制土壤水分防止裂果。在葡萄转色后，每15天叶面喷施1次0.3%磷酸二氢钾溶液。9~10月，亩施腐熟的优质鸡粪1000~1500kg、硫酸锌1kg、硼砂0.5kg、硫酸亚铁1kg。在11月上旬浇透冬水，保证葡萄休眠期土壤水分含量。

(6) 病虫害防治 及时喷药防治病虫害。

(7) 冬季修剪 一年生枝留2~3个芽短截。

4. 第三年及其以后的管理

与第二年管理基本相同，冬季修剪时采用单芽更新的方法及时更新结果枝组。

案例2 大棚鲜食葡萄延后栽培技术

1. 品种的选择

葡萄延后栽培选用晚熟和极晚熟品种，如红提、秋黑、圣诞玫瑰等。大棚为常规塑料大棚，装配保温被或者草苫，有良好的保温措施，冬季棚内最低温度高于-5℃。

2. 葡萄定植

按照露地葡萄定植方法定植：在4月下旬到5月初开始定植，株行距为1m×1.5m，定植后立即浇水、覆地膜。采用篱架，第一道铁丝距地面60cm，第二道铁丝距地面120cm，第三道铁丝距地面180cm。架势为“独龙蔓”形。

3. 第一年管理

（1）温度管理 在3月上旬开始升温，白天温度保持在25~30℃，夜间15~20℃。在6月中旬之后，揭去棚膜。在10月上旬，再覆棚膜。次年1月上旬，让葡萄自然休眠。

（2）新梢管理 发芽后每株选留1个生长健壮的新芽，及时抹去其他萌芽。新梢长至20cm时，直立引缚到第一道铁丝上。新梢长至50~60cm时摘心，顶部1个副梢长至20cm时摘心。其他副梢留2片叶连续摘心。

（3）肥水管理 每隔20天左右浇水1次，同时进行追肥，每亩施尿素10~15kg、复合肥10kg。8月之后，每隔15天叶面喷施1次0.2%磷酸二氢钾。9~10月，亩施腐熟的优质鸡粪500~800kg、硫酸锌1kg、硼砂0.5kg、硫酸亚铁1kg。在12月下旬浇透冬水，保证葡萄休眠期土壤水分含量。

（4）病虫害防治 每隔20天喷施防治霜霉病、白粉病的药剂。发现其他病虫害及时防治。在葡萄升温萌发前和落叶后，对棚内葡萄和地面喷施3~5波美度的石硫合剂。

（5）冬季修剪 修剪时剪口枝蔓粗度为0.7~0.8cm，并剪除所有副梢。枝蔓直立绑缚到铁丝上。

4. 第二年管理

(1) 温度管理 在春天，白天盖保温被遮光，夜晚打开通风口降温，推迟萌芽期，在5月上旬逐步揭开保温被升温。在5月中旬将保温被和棚膜全部去掉，和露天葡萄一样管理。

在10月上旬装配好棚膜和保温被，白天温度控制在25~28℃，夜晚温度控制在15℃左右，一直到12月下旬。

(2) 树体管理 芽萌发后，抹去垂直主干40cm以下所有萌动芽。在葡萄枝蔓长到20cm以上时，将葡萄枝蔓均匀绑缚在架面上，及时除去卷须。当新梢生长有6~7片叶时开始摘心，并除去新梢顶端2个副梢以下的所有副梢，顶端2个副梢留3~5片叶连续摘心。

(3) 花果管理 每一个结果枝留一个花序。剪除花穗1/5~1/3的穗尖。在开花前7~10天，花序喷施0.3%硼砂溶液+50mg/L的赤霉酸溶液。在谢花后5~7天，果穗蘸100mg/L的赤霉酸+50mg/L的6-BA，7天后再重复处理1次。

在谢花后15天左右，对葡萄进行套袋。在10月上旬去袋，每15天浆果喷施1次50mg/L的赤霉酸+20mg/L的萘乙酸，连喷2次。

当棚内夜间温度低于2℃时开始采摘葡萄，葡萄采收后树势恢复10~15天，即开始修剪，让葡萄休眠。

(4) 肥水管理 在萌芽前、开花前、开花后、转色期、采收后追肥，每亩施尿素15~20kg、复合肥20~30kg。施肥后立即浇水。在葡萄采收前15天左右，严格控制土壤水分防止裂果。

10月，亩施腐熟的优质鸡粪1000~1200kg、硫酸锌1kg、硼砂0.5kg、硫酸亚铁1kg。

在12月下旬浇透冬水，保证葡萄休眠期土壤水分含量。

(5) 病虫害防治 及时喷药防治病虫害。

(6) 冬季修剪 一年生枝留2~3个芽短截即可。

5. 第三年及其以后的管理

与第二年管理基本相同，冬季修剪时按照“独龙蔓”架形修剪要求修剪，注意及时回缩、更新结果枝组。

案例3　北方大棚葡萄间作茶树的栽培技术

1. 栽植

大棚内南北行向栽植葡萄，行间套种茶树。葡萄的株行距为1m×2m。行间套种4行茶树，茶树行距为30cm，株距为20cm。栽植前全园深翻，施有机肥5000~7000kg、复合肥50kg、磷肥20kg。

葡萄主栽品种为京亚、京蜜、红巴拉多等早熟品种，3月下旬定植。茶树选用耐寒、发芽早、茶叶质量好、高抗病的龙井43号或其他小叶品种，3月上旬定植。

2. 第一年管理

（1）葡萄管理

1）温度管理。棚内白天温度控制在25~30℃，晚间控制在15~20℃。冬季棚内最低温度高于0℃。

2）肥水管理。葡萄栽植后定期浇水，当苗高30~40cm时开始追肥，亩施尿素10~20kg、复合肥15kg，每2个月施1次。10月下旬每亩施有机肥1000~1500kg，施肥后要及时浇水。

3）树体管理。每株葡萄选择2个健壮的新梢作为主蔓，并及时直立绑缚。当葡萄长到120~150cm时摘心，并将主蔓60cm以下的副梢全部抹去，60cm以上的副梢留2~3片叶反复摘心直到落叶，及时摘去卷须。

11月下旬开始修剪，主蔓留6~8个芽，采用双臂单层水平整枝，主蔓水平绑到第一道铁丝上。

（2）茶树管理　茶苗生长出2~3片新叶时开始施肥。亩施尿素10~20kg，叶面喷布50mg/L的赤霉酸和0.1%尿素，半个月喷1次，以促进茶苗的快速生长。10月上旬喷布200mg/L的S-诱抗素，使茶苗停止生长，提前进入休眠期，提高茶苗的抗冻性以安全越冬。在霜降来临前剪去茶苗上部幼嫩叶防止发生冻害。

3. 第二年管理

（1）温度管理　10月上旬扣棚调控温度。在11月上旬降温让葡萄和茶树休眠，白天用草苫盖棚，晚上通风以保持2~7℃的低温。每隔2~3天，在有阳光时，且棚外空气温度在2~7℃时及时揭草苫让茶树见光，防治落叶；或者每天用钠灯给茶树补光2～3h。扣棚前5～7天，将葡萄叶片全部摘去，扣棚后经过20～25天，葡萄即通过休眠，逐渐升温进行正常生产。

休眠前对茶树进行修剪，一般第一年留20cm高，第二年留40cm高，第三年以后在上茬上留5cm高。将茶蓬修剪成拱面。

升温后，用饱和石灰氮的上清液涂抹葡萄的枝和芽，以解除葡萄的休眠，促进芽的萌发。

萌芽前白天温度不能高于20℃，晚上保持10℃以上。开花期的最适温度为25～28℃，白天最高温不能高于30℃。浆果膨大期和成熟期白天最高温不要高于35℃，晚上温度控制在15℃左右，有利于提高产量、改善着色和提早成熟，还能提高茶叶的产量和品质。

（2）肥水管理 葡萄萌芽前亩施复合肥10kg、尿素15kg。浆果膨大期亩施复合肥20kg、尿素20kg。浆果转色期亩施复合肥30kg。葡萄采收后亩施复合肥15kg、尿素10kg。在10月，亩施有机肥1000～1500kg。施肥后及时浇水。在开花期和葡萄采收前不浇水。

（3）树体管理 每个结果枝留1穗果。在开花前7～10天，除去花序的1/5～1/4，花序喷布0.2%硼砂溶液+50mg/L的赤霉酸溶液。

开花前在花序以上留5～7片叶摘心，营养枝留4～5片叶摘心。摘心后发出的副梢只留顶端1～2个，每个副梢留3～4片叶反复摘心，其他副梢全部去除。及时去除卷须。

冬季修剪时，一年生枝留2～3个芽短截。注意结果枝组及时更新。

（4）茶树管理 茶树发芽前亩施尿素30kg、复合肥10kg。一叶一芽时施尿素20kg。每次采摘后立即追施尿素，亩施20～30kg。第一片叶展开后每隔15天喷1次2%尿素+20mg/L的赤霉酸可增产10%～25%。

江北茶区的大棚茶园主要生产优质卷曲绿茶，要求新梢长到两叶一芽时开始采摘，采一叶一芽，当茶蓬上有3%～5%的新梢达到标准时即开始采摘。正常的肥水条件下一般隔7天采摘1次。在采摘春季叶、芽的同时要把1片新生叶留养在茶树上；夏茶采摘时需留2叶；秋茶应尽量少采或不采，以便恢复树势，为下年的大棚茶叶生产奠定物质基础。

（5）病虫害防治 葡萄的主要病害有灰霉病、霜霉病、褐斑病、黑痘病、炭疽病等，虫害主要有叶蝉、金龟子等。一般在发芽前全园喷布2~3波美度的石硫合剂，扣棚后喷布800~1000倍多菌灵、代森锰锌、甲基托布津等防治各种病害，喷布其他的低毒、低残留的农药防治各种虫害。

大棚茶园内经常发生的虫害有蓑蛾类、茶尺蠖、小绿叶蝉、茶毛虫、黑刺粉虱、茶叶瘿螨、扁刺蛾、茶卷叶蛾、茶绿盲蝽、长白蚧、角蜡蚧和龟蜡蚧等，防治刺吸式口器的害虫用1%吡虫啉2000倍液，其他虫害可喷布2000倍阿维菌素或1500倍灭幼脲进行防治。大棚茶园内经常发生的病害有茶霉病、茶炭疽病、茶赤叶斑病等，可用1000倍多菌灵、甲基托布津、800倍代森锰锌或大生M-45等防治。

为保证食用和饮用的安全，大棚内严禁使用剧毒、高残留农药，采收前半个月内禁止使用任何农药。

（6）揭棚后的管理 棚外平均气温高于15℃后即可逐步揭棚炼树，半个月后即可除去棚膜，然后用透光率达50%以上的遮阴网覆盖，可延长春茶采摘期并提高夏茶品质，降低夏茶的苦涩味。夏季高温使茶树生长势减弱，及时施肥、浇水、中耕和除草，以迅速恢复树势，争取夏茶的优质高产。

4. 第三年及其以后的管理

第三年及其以后的管理同第二年，要注意葡萄结果枝组的及时更新。

附录　常见计量单位名称与符号对照表

量的名称	单位名称	单位符号
长度	千米	km
	米	m
	厘米	cm
	毫米	mm
面积	公顷	ha
	平方千米（平方公里）	km^2
	平方米	m^2
体积	立方米	m^3
	升	L
	毫升	mL
质量	吨	t
	千克（公斤）	kg
	克	g
	毫克	mg
物质的量	摩尔	mol
时间	小时	h
	分	min
	秒	s
温度	摄氏度	℃
平面角	度	(°)
能量，热量	兆焦	MJ
	千焦	kJ
	焦［耳］	J
功率	瓦［特］	W
	千瓦［特］	kW
电压	伏［特］	V
压力，压强	帕［斯卡］	Pa
电流	安［培］	A

参考文献

[1] 曹孜义. 葡萄多种栽培技术［M］. 兰州：甘肃科学技术出版社，2000.

[2] 晁无疾. 葡萄优质高效栽培指南［M］. 北京：中国农业出版社，2000.

[3] 丛广贤. 寒地葡萄高效栽培［M］. 北京：金盾出版社，2008.

[4] 郭景南. 葡萄新优品种与现代栽培［M］. 郑州：河南科学技术出版社，2005.

[5] 李华. 葡萄栽培学［M］. 北京：中国农业出版社，2008.

[6] 李兴红，燕继晔. 图说葡萄病虫害防治关键技术［M］. 北京：中国农业出版社，2012.

[7] 李玉鼎，刘廷俊. 葡萄栽培（贮藏保鲜）与葡萄酒酿造［M］. 银川：宁夏人民出版社，2006.

[8] 刘长令. 世界农药大全［M］. 北京：化学工业出版社，2005.

[9] 刘凤之，段长青. 葡萄生产配套技术手册［M］. 北京：中国农业出版社，2013.

[10] 刘捍中. 怎样提高葡萄栽培效益［M］. 2版. 北京：金盾出版社，2013.

[11] 罗国光. 葡萄整形修剪和设架［M］. 北京：中国农业出版社，1998.

[12] 农业部农民科技教育培训中心，中央农业广播电视学校. 南方葡萄避雨栽培技术［M］. 北京：中国农业大学出版社，2008.

[13] 温景辉. 葡萄新品种与栽培技术［M］. 长春：吉林科学技术出版社，2007.

[14] 夏树让. 酿酒葡萄高产栽培新技术［M］. 南宁：广西科学技术出版社，2004.

[15] 修德仁. 鲜食葡萄栽培与保鲜技术大全［M］. 北京：中国农业出版社，2004.

[16] 战吉宬，李德美. 酿酒葡萄品种学［M］. 北京：中国农业大学出版社，2010.

ISBN: 978-7-111-55670-1

定价: 49.80 元

ISBN: 978-7-111-55397-7

定价: 29.80 元

ISBN: 978-7-111-56047-0

定价: 25.00 元

ISBN: 978-7-111-50436-8

定价: 25.00 元

ISBN: 978-7-111-52935-4

定价: 26.80 元

ISBN: 978-7-111-46958-2

定价: 25.00 元

ISBN: 978-7-111-47444-9

定价: 19.80 元

ISBN: 978-7-111-46517-1

定价: 25.00 元

ISBN: 978-7-111-46518-8

定价: 22.80 元

ISBN: 978-7-111-52460-1

定价: 26.80 元